はじまった田園回帰

現場からの報告

小田切徳美／藤山　浩
石橋良治／土屋紀子

企画：特定非営利活動法人
中山間地域フォーラム

農文協
ブックレット

まえがき

本ブックレットは、２０１４年7月13日に開催された特定非営利活動法人中山間地域フォーラム主催のシンポジウム「はじまった田園回帰――『市町村消滅論』を批判する」の記録です。

「市町村消滅論」とは、民間のシンクタンク・日本創成会議・人口減少問題検討分科会による同年5月の提言「成長を続ける21世紀のために『ストップ少子化・地方元気戦略』」を指しています。元岩手県知事・元総務大臣の増田寛也氏が座長を務めることから「増田レポート」とも呼ばれる同提言は、「地方元気戦略」のタイトルとは裏腹に、20～39歳の女性が２０４０年に半減すると予想する８９６市町村を「消滅可能性都市」とし、うち人口1万人以下になると予想する５２３市町村を「消滅可能性が高い」と名指ししてそのリストを公表し、当該市町村に大きなショックと混乱を与えました。

しかし、１９９０年代なかばから都市から農村へと人びとが向かう「田園回帰」の動きが起きていることをとらえてきた農文協では、これまで『定年帰農　６万人の人生二毛作』（「増刊現代農業」１９９８年２月号）、『若者はなぜ、農山村に向かうのか』（同２００５年８月号）などを発行してきました。その動きは現在、市町村やＪＡの定年帰農支援策や総務省「集落支援員」「地域おこし協力隊」などの政策にも反映されています。

この「田園回帰」シンポジウムは、中山間地域の再生をめざす中山間地域フォーラムが、一方的に「市町村消滅（地方消滅）」と決めつけ、農山漁村からの施策・投資の撤退＝「農村たたみ」につながりかねない増田レポートへの「対抗軸」として開催したもので、その趣旨は「農山漁村においては若者を中心とした『田園回帰』が生まれつつある。若者は、なぜ農山漁村に向かっているのか。そこで、どのような暮らしを築こうとしているのか。こうした動きを、『東京一極集中傾向』『極点社会化』を反転させる全国的なうねりに発展させていくにはどうしたらよいか。『市町村消滅論』が見落とす『田園回帰』の全貌に迫る」というものでした。

全国から３００名以上がつめかけた会場では、「過疎先進地」である島根県の「田舎の田舎」に移住者が増えている実態について現場からの報告と分析、参加者もまじえての白熱した議論が行なわれ、最後にコーディネーターの小田切徳美・明治大学農学部教授が、「追い込まれつつある農村、切り捨てられつつある農村の反撃のネットワークが必要。さまざまな農業・農村関係の組織やそのネットワークを糾合するかたちで、大きく声をあげ、田園回帰の実現、新しい日本社会の実現に向けて、それぞれの立場で前進していただきたい」と訴えました。

それを受けるかのように同年9月、全国928の町と村で構成される全国町村会は、「国民の田園回帰傾向が強まる中で、地域はさらに自らを磨き、その価値を創生することが課題」とする提言「都市・農村共生社会の創造　田園回帰の時代を迎えて」を策定しました。

また同年5月9日、「896自治体　消滅の恐れ」の大見出しで増田レポートを1面トップで報じた毎日新聞は、明けて1月3日、同じ1面トップで「地方移住　4年で2・9倍」、「地方自治体の移住支援策を利用するなどして移り住んだ人が2013年度に8169人に上り、4年間で2・9倍に増えた」と、同紙と明治大学農学部・地域ガバナンス論研究室―小田切徳美教授―による共同調査の結果を報じました（アンケート調査に18県と1008自治体が回答）。

「市町村消滅」か「田園回帰」か。農文協では、そのどちらを前提とするかで、これからの国や地域のあり方も、私たちの暮らしも大きく変わってくると考え、この4月から「シリーズ　田園回帰」を新たに発行します（巻末の告知をご参照ください）。本ブックレットとともに、「真の地方創生」に向けた地域のビジョン、総合戦略づくりにご活用いただけたら幸いです。

2015年1月　農山漁村文化協会編集局

シンポジウム
「はじまった田園回帰―『市町村消滅論』を批判する」

2014年7月13日
会場・東京大学弥生講堂一条ホール
主催・特定非営利活動法人 中山間地域フォーラム
共催・島根県中山間地域研究センター
協力・東京大学大学院農学生命科学研究科
後援・㈶農学会、全国町村会、全国山村振興連盟、全国水源の里連絡協議会、全国中山間地域振興対策協議会、ふるさと回帰支援センター、地球緑化センター、農山漁村文化協会

目次

シンポジウム「解題」

市町村消滅論と田園回帰

――日本社会の「対抗軸」

明治大学農学部教授
小田切徳美

中山間地域フォーラムの企画担当理事であり、あわせて今日のコーディネーターを務めさせていただく小田切です。事務局によりますと、本日の申込者総数は三百数十名、会場のキャパシティがこれ以上はないということで途中で申し込みをお断りしたということですが、本日キャンセル待ちが20人近くいらっしゃるということのようです。企画担当をしたコーディネーターとして、たいへんうれしく思います。ただ、これから申し上げるお話は、ずいぶんと深刻なお話です。いわゆる「市町村消滅論」につきまして、みなさまと一緒に考えてまいりたいと思います。

Ⅰ 「市町村消滅論」の形成

エスカレートするレポート、増殖する参加メンバー

2013年末、元岩手県知事であり、元総務大臣の増田寛也氏と人口減少問題研究会が『中央公論』（13年12月号）で「戦慄のシミュレーション　2040年、地方消滅。『極点社会』が到来する」という論文を発表しました。それを皮切りに、5月8日に「日本創成会議・人口減少問題分科会」が開かれ、その2日後に発売された『中央公論』（14年6月号）にあらためて「提言　ストップ『人口急減社会』」、いわゆる「増田レポート」が掲載されました。それがさらに、増田氏も委員の一員に加わった、「経済財政諮問会議・選択する未来委員会」という政府の公的機関の提言にもつながっていきます。あらためてこのプロセス

をふり返ると、スタート時点では5、6名の小さな私的研究会が、わずか半年で政府の政策提言につながっていることがわかります。

「増田レポート」の形式的な特徴は、二つあります。一つはセンセーショナルな度合いの「発展」です。それは「消滅可能性都市」のリストの発表の仕方に表れており、『中央公論』の表紙は、「消滅する市町村523全リスト」と、「可能性」を取り除いたタイトルづけがされていて、たいへん売れたようです。

もう一つの特徴は、レポートを作成した「創成会議分科会」への各界からの参加です。私的な研究会である当初のメンバーの一部に加えて、財務省、総務省の元次官プラスアルファで分科会が構成されています。そして、「経済財政諮問会議・専門調査会」には、財界からの参加を見ることができます。レポートが発展すると同時に、メンバーも各界からの参加で「増殖」していきます。

ジャーナリストの青山彰久氏は、『月刊ガバナンス』2014年6月号において、「背景には、経済界と霞ヶ関の実質的な支援があると受け止めていい」と述べていますが、かなりポイントをついた指摘だと思います。

演出される「不連続な事態」

それではあらためて「増田レポート」の中身を見てみたいと思います。大きな主張点は3点あります。一つめは、「著しい少子化」を強調し、それに対して「ストップ少子化戦略」を打ち出していることです。二つめは、「東京一極集中の持続」という現状認識です。これに対しては「地方元気戦略」(多様な戦略)を掲げています。そして、三つめとして、非常に特徴的なことは、その「著しい少子化」と「東京一極集中の持続」とを合わせ、将来的には「自治体消滅の可能性」があることを強調している点です。しかしこれらの主張点を分解してみると、じつは「著しい少子化」と「東京一極集中の持続」にはそれほどの新味はありません。というより、すでにそれぞれの担当大臣が内閣府に置かれているような課題で、従来的な課題をなぞっただけのものです。いきおいマスコミの注目はセンセーショナルな「自治体消滅」論に集中し、「市町村消滅論」が形成されていきます。

注意しなければならないのは、こういった報道や受け止め方がなされることで「不連続な事態」が演出されていることです。従来とはまったく違う次元にあるというニュアンスであり、その象徴的なものは、今回の報道の中に「過疎」という言葉がほとんど見られなくなっていることです。「過疎」ではなく「人口減少」さらに「消滅」と、従来とは質的に異なることが強調されているように聞こえます。しかし、少なくとも地方部におけることの本質は過疎化であり、むしろ、従来から連続するものと言えます。その意味で、なぜ、「人口減少」という問題提起がされているのか、私たちは慎重に考える必要があります。

絶妙な発表のタイミング

その影響がどのように出てきたのか。東北、九州での新聞報道をまとめてみると、いずれも単独記事として掲載されているところはありません。5月9日の1面と2面、あるいは1面と社会面で伝えられ、非常に大きく報道されました。「秋田魁新報」では、同県全体で消滅可能性が高いと名指しされたということもあったためか、同時に3本の記事を掲載しています。地方に対するインパクトとして、なおかつ注目したいのは地方議会の動きです。5月8日の発表ということもあり、もっぱら6月議会で取り上げられることになります。ホームページで見てみますと、秋田県議会では質問に立った議員のほとんどが質問項目としてあげております。当然、質問に対する報道も増えており、これ以降、雪だるま式に「消滅」という問題が地域の中に渦巻いていくプロセスが見えてきます。5月発表というタイミングが絶妙だったと思います。

Ⅱ「市町村消滅論」の影響と論点

入り乱れる「農村不要論」「制度リセット論」「あきらめ論」

問題は、世の中が「増田レポート」をどのように受け止めているかということです。私自身は3点に整理する必要があると思います。むしろ、この状況が混乱しております、それを整理するのが私達研究者の役割かと思います。

一つは「農村不要論」です。市町村消滅が必然的なものであるとすれば、非効率で不合理なものは不要ではないか——最近では「農村不要論」というより「農村たたみ論」という言葉を使っています。これは、空洞化しているものを端からたたんでいこうというニュアンスを表現したものです。

そして、「市町村消滅」を好機ととらえる動きもあります。まさに従来の制度、政策を急進的に見直す好機ととらえる動きで、私はそれを「制度リセット論」と呼んでおりますが、「人口減少社会」うんぬんは一種の「魔法の杖」で、「人口減少社会」と言えば従来とは違う次元で制度改正ができるというかのような動きです。道州制がその延長線上に出て来たとしても何の驚きもありません。

最後に、「市町村消滅」に諦観する流れとして、「どうせ消滅するなら、もうあきらめる」という「あきらめ論」です。地域にはこのような思いがあふれています。

このような、3点の受け止め方が地域の中に渦巻いています。つまり、乱暴な「農村不要論」、狡猾な「制度リセット論」、深刻な「あきらめ論」が入り乱れて同時に進んでいるのが現在の状況ではないでしょうか。この農村不要論をきちんと批判し、制度リセット論を使わせることなく、あきらめるのはまだ早いというメッセージを訴えていくことが必要です。

雑な実態認識にもとづく論点

いずれにしてもこうした混乱の一因は、雑な実態認識にあります。増田レポートの現状認識にかかわる論点を考えると、立ちどころにつぎの3点を指摘することができます。

何よりも、20歳から39歳の女性の「半減（以上）」をもって「消滅」の可能性を論じている点です。これは特定の年齢層の半減であり、人口全体の半減ではありません。過疎地域では1960年をピークとして、人口が半減した地域はたくさんあります。それをもっていったい「消滅」と言えるのでしょうか。女性の半減をもって「消滅」とする根拠は何らないのです。

さらに増田レポートには、女性の半減に加えて、「人口1万人を切る市町村を見てみると、523自治体、全体の29・1%にのぼる。これらは、このままでは消滅可能性が高いと言わざるをえない」と書かれています。ここでは「消滅可能性」となっていますが、

それが掲載された『中央公論』の表紙は「消滅する市町村」と断定的になっている。しかし「1万人以下」になると、なぜ消滅可能性が高いのかの説明はなされていません。

この点で、本来は詳しい議論が必要なところですが、結論的に言えば、私は、むしろ小規模性にこそ人口復元の可能性があるというふうに考えたいと思います。レポートが、女性の減少率が全国でもっとも高いと名指ししたA村は、2010年時点で99人だった20〜39歳の女性が2040年には10人に減少（89・9％減）すると推計され、ワーストワンのレッテルを勝手に貼られています。しかし、逆に言えば、この世代を89人増やせば現状維持となります。つまり、小規模であるということは、絶対数で見れば、むしろターゲットが手近かだと言え、けっして無理な目標ではないと思います。実際に、この村では2010年以降の3〜4年間で、既に数人の女性が移住していると聞いております。これが10万人の市町村であれば、非常に膨大な数の増加が求められるでしょう。もちろん私はそれにも可能性があると思っていますが、しかしここでは小規模自治体にこそむしろ可能性があるということを確認したいと思います。

そして何よりも、「増田レポート」は「田園回帰」を過小評価しています。使っているデータは2010年の国勢調査です。農山漁村文化協会の『増刊現代農業』などによれば、田園回帰は1990年代中頃から起こり、2000年代の中盤にかなり顕在化したとされています。しかし、なんといっても2011年の東日本大震災以降、急増しています。そのために、このような傾向を持つ地域では、２０１０年の国勢調査は推計の基準として使うにははなはだ不都合で、その意味ではこの推計は修正を迫られていると言えます。本日のシンポジウムでは、その修正を迫る「田園回帰」の実態を、各方面から見ていくわけですが、私からもいくつかデータをご提供させていただきます。

Ⅲ　対抗軸としての「田園回帰」

若者の「田園回帰」志向

図1は、２０１２年に国土交通省の委員会で報告された、インターネット上のアンケート調査の結果です。ここには「二地域居住をしたい」、「農山村漁村に移住したい」という移住意識が現れており、そこに注目したいと思います。

このグラフは典型的なツイン・データ、「ふたこぶらくだ」型のデータとなっており、50~60歳代で田園回帰の希望者が多いことは知られていますが、じつは

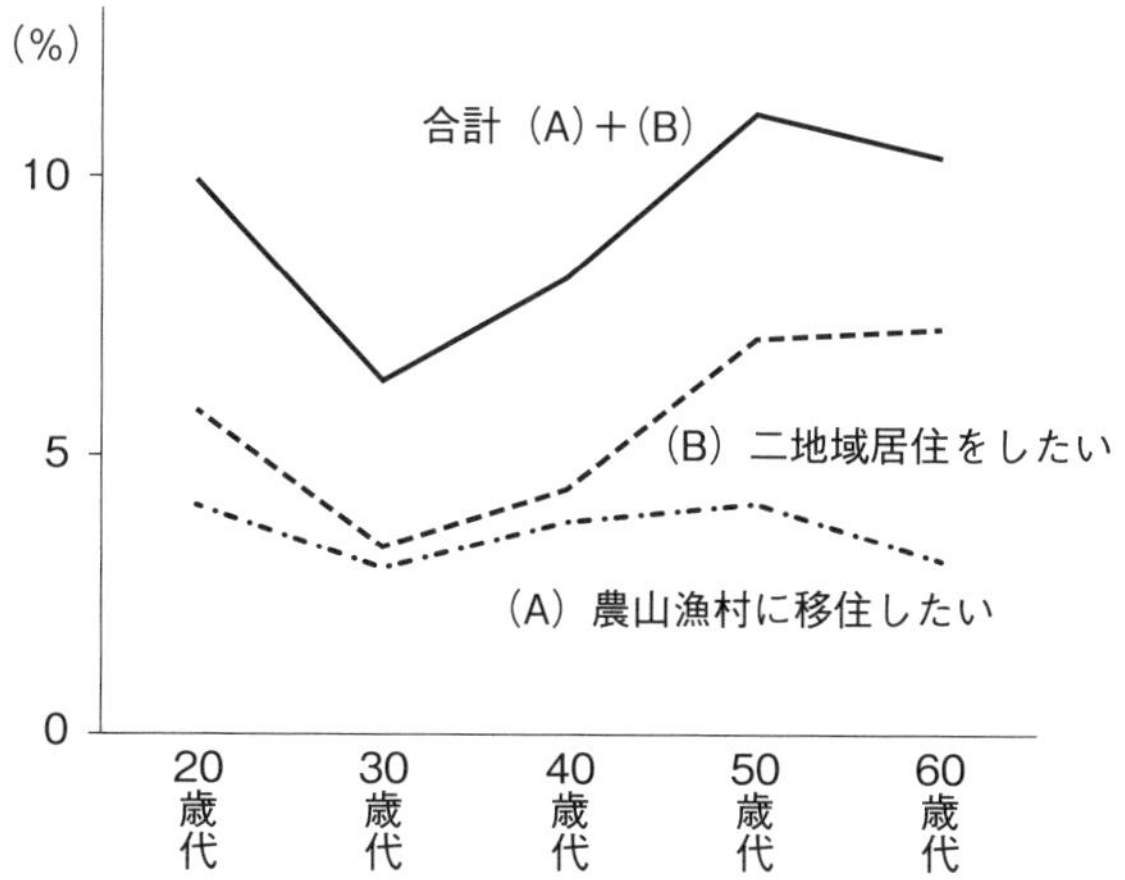

図１　都市住民の農山漁村に対する移住意識（アンケート結果）

注１：資料＝国土交通省「集落地域に関する都市住民アンケート結果」（2012年10月実施）
２：都市住民3220人を対象としたインターネット上のアンケート調査による

20歳代にもそれと変わらない希望者がいることをまず確認すべきだと思います。

そのうえで、「希望」が現実の移住に移る入口として、ふるさと回帰支援センターへの移住相談の傾向を見ると、2008年の時点では、相談者の過半数が50歳代以上でしたが、2013年になると、40歳代未満が54%を超えています。田園回帰の量的拡大においても、若者がリードするようになったという不連続な状況を見てとることができます。

中国地方に広がる「田園回帰」

そして本日のシンポジウムでは、中国地方のみなさまから中国地方の動きと実態についてご報告いただきますが、今年の元旦の「中国新聞」の1面トップ記事は、「里山・里海　再評価の流れ」として、中国地方の4つの過疎地域で人口の社会増が起きていると報じています。2月11日の「山陰中央新報」も、「離島、山間でも『社会増』」として、より詳細な情報とともに1面トップで報じています。移住希望、移住相談だけでなく、いよいよ実際にその動きが始まっていると言えるのでないでしょうか。

・移住者の急増

・若者層がリード（世帯数ベース）
　20歳代以下：43%、
　30歳代：23%

・町村部（特に小規模町村）で活発

年度	移住者数	指数
2011	504人	100.0
2012	706人	140.1
2013	962人	190.1

鳥取県における移住者の動向　（人、万分比）

		人口（2013年3月末）(A)	移住者数（2011～13年度累計）(B)	(B)／(A)（万分比）
鳥取県計		588,508	2,172	36.9
（うち市部）		429,871	1,073	25.0
（うち町村部）		158,637	1,099	69.3
比率が高い町村	日南町⑪	5,447	102	187.3
	伯耆町⑧	11,529	179	155.3
	智頭町⑨	7,884	119	150.9
	日野町⑬	3,604	48	133.2
	北栄町⑤	15,755	165	104.7
	江府町⑮	3,353	33	98.4
	三朝町⑩	7,076	69	97.5

図2　「田園回帰」の状況（鳥取県の事例）

資料：鳥取県HP資料より作成　　注：町村名の番号は15町村の人口順位

本日は島根県からのご報告が中心となりますが、私からはお隣の鳥取県の話をさせていただきます。図2の鳥取県における田園回帰、移住者の動向データを見ると、2011年の移住者数504人に対して、2013年は962人と90％増加しています。全人口あたりの移住者（2011〜13年度の累計）の割合では、鳥取県全体では1万人の人口のうち36・9人が移住者で、市部は25・0人、町村部で69・3人です。市部でなく町村部への移住者が多い傾向がはっきりわかります。さらに町村別に見てみると、もっとも比率の高いのは日南町で、187・3％、市部の7、8倍の数字になっています。比率の高い順番に町村を並べてみてわかるのは、鳥取県内15町村のうち人口が少ない小規模町村こそ移住者比率が高いということです。つまり、市部よりも町村部、大規模な町村よりも小規模な町村に向かって人が動いているということをはっきりと確認できます。

「あきらめる」のか「立ち向かう」のか

農村は分水嶺にあります。「増田レポート」あるいはそれを根源とする「市町村消滅論」、それを前提とした乱暴な推計を「時代の流れ」としてあきらめて受け入れ、「農村たたみ」を認めるのか。そうではなく、未来は変えられるものとして「農村回帰」に学び、知恵と努力で立ち向かう「農村再生」の道を進むのか、分かれ道にあります。

それはけっして農村だけではありません。2020年の東京オリンピックを分水嶺として、日本社会が成長追求型の都市社会となっていくのか、そうではなく脱成長型の都市農村共生社会を形成していくのか、現代の農村の田園回帰をめぐっては、日本社会全体の分岐点にあるという理解もできます。

要するに、都市を含めた日本社会全体の問題です。その点で、しばしば「コンパクト」という言い方がなされますが、とりわけイギリスやドイツなどの欧州では「コンパクト」あるいは「シュリンケージ（縮む）」には、「脱成長」という意味合いさえもあります。物的な「コンパクト化」や「撤退」というニュアンスではなく、欧米はあきらかに脱成長型の都市農村共生社会に向かっています。それに対して成長追求型の都市社会を形成していくのかどうかの大きな論点がここに生じていると考えています。

本シンポジウムの3報告について

今回のシンポジウムはこの大きな論点をめぐって、中国地方の具体的な実態から見ていきたいと考えています。

第1報告は島根県中山間地域センターの藤山浩さん。藤山さんは私と生まれ年が同じで、いまでは盟友です。その藤山さんから「中国山地における『田園回帰』——定住を支える地元のつくり直しを」についてご報告いただきますが、中国山地ばかりではありません。藤山さんは、長野県飯田市を中心とする伊那谷地方でもよく実態調査をしています。

第2報告は、島根県邑南町町長の石橋良治さんによる「女性と子どもが輝く邑南町——生産年齢人口増が邑南町を救う」という報告です。私も以前お訪ねさせていただきましたが、昨年度の同町の人口動態の数字は社会移動で、プラス20名ということでした。合併直後の2005年にはマイナス85人の社会減でしたが、2013年についに社会増20人を実現した。どのようにこのような人口社会を実現したのか、石橋町長からその実態をお聞きしたいと思います。

そして第3報告は、田園回帰の当事者である土屋紀子さんによる「私の『田園回帰』——そのWhyとHow」として、なぜ田園回帰したのか、どのように実現したのかについてお聞きしたいと思います。

パネルディスカッションでは、参加者の皆さんからの質問を中心としながら、中国山地に始まり、広がりつつある田園回帰の動きを、どのように加速化し、オールジャパンの動きにつなげていくかについて議論してみたいと思います。

この解題の最後に、私から、あらかじめ申し上げておきたいことがあります。第一に、今は何よりも、正しく、冷静な実態認識が必要です。市町村単位の統計では見えづらい動きをとらえるための詳細な「地域内点検」を行なう必要があります。

また、第二に「あきらめ論」からの脱却が求められています。東京大学名誉教授の大森彌先生は、『町村週報』（2014年5月19日号）のコラム「自治体消滅の『罠』」で、「人口が減少すればするほど市町村の存在価値は高まるから消滅など起こらない」としたうえで、以下のように断言されています。

「もし起こるとすれば、自治体消滅という最悪の事態を想定したがゆえに、人びとの気持ちが萎えてしまい、そのすきに乗じて『撤退』を不可避だと思わせ、人為的に市町村を消滅させようとする動きが出てくる場合である」

市町村消滅論の真の狙いがそこにあるとすれば、それに「NO!」と言って、あきらめないことが大事です。

本シンポジウムから、正確な「地域内点検」の実践と、「消滅」が名指しされた地域の連携、つまり「地域間ネットワーク」が全国に展開していくことを、コーディネーターとして切に願うものです。

報告 1

中国山地における「田園回帰」

――定住を支える地元のつくり直しを

島根県中山間地域研究センター研究統括監
島根県立大学連携大学院教授
藤山 浩

Ⅰ 「市町村消滅論」の問題点

問われているのは何か？

私は人口減少だけが問題なのではないと思います。人口が増えればいいという問題ではない。問われているのは私たちの暮らしであり、地域、あるいは社会のあり方だと思います。この半世紀の都市集中型の国土利用の中で、中山間地域の住民だけでなく、都市の団地やマンションに住む住民たちまでもがどんどん高齢化して使い捨てにされてきた。そういうことでよいのかという問いかけを私たちがしていかなければいけないということだと思います。

そうした中、今回の「増田レポート」は一つの方向性を示したものですが、上からの一方的な分析です。私たちがやらなければいけないことは、現場から、一人ひとりの暮らしから、地域から、社会から、それを見直していくことです。あるいはもう一度いまの実態を確かめていく歩みにほかならないと思っています。今日のシンポジウムはそうした議論の土台をみんなで共有し、現場に帰ってうねりを起こすためにあると思っています。

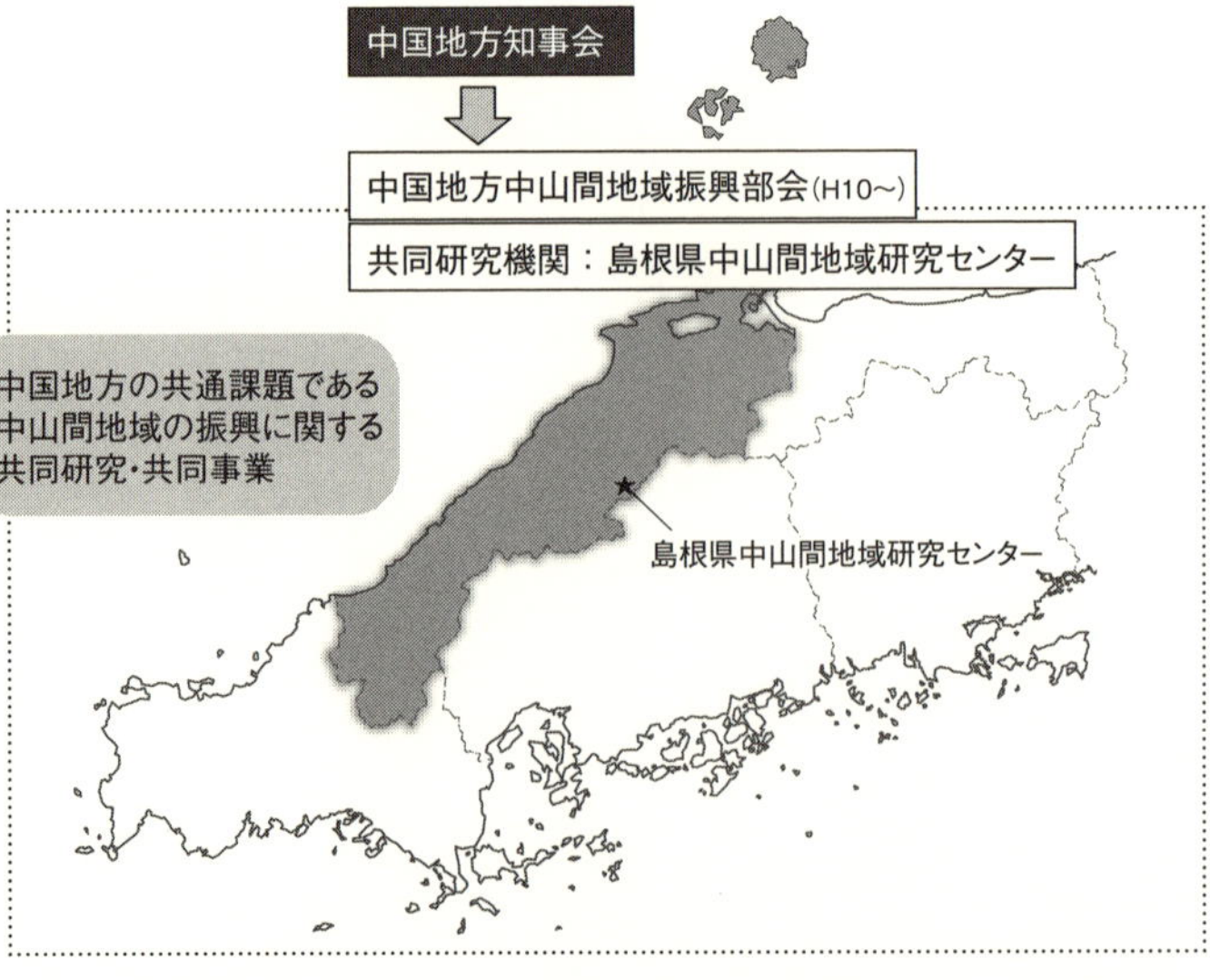

図1　島根県の研究センターであると同時に中国５県の広域連携センターでもある島根県中山間地域研究センター

島根県中山間地域研究センターは、全国唯一の分野横断型のセンターで、中国山地のど真ん中、飯石郡飯南町に位置しています（図1）。島根県のセンターであると同時に、中国山地5県のネットワーク機関としても機能しています。

私自身、島根の田舎に暮らして子どもを育てています（図2）。1989年に広島市のマンションを出て田舎暮らしを始めました。最初は廃屋に住みました。趣味は薪割りで、現在は日本一の清流の高津川のそばに家を構えています。昨日は集落の用水の草刈りをしてきました。田舎暮らしは手間がかかりますが、自分たちが守り育てた風景の中で暮らすというのは特権でもあると思っています。

図2　筆者と子どもたち

増田レポートの前提条件への疑問

さて「市町村消滅論」を、みなさん衝撃的に受け止められたと思いますが、その議論の展開の仕方にはいろいろな疑問があります。「なぜ『消滅』というセンセーショナルな言葉を使うのか？」「なぜ20～39歳以下の人口が半減することが『消滅』の可能性を意味するのか？」「なぜ、1万人未満の自治体をターゲットにするのか？」など、ことさらに危機感・絶望感を煽って一定の方向に誘導する仕掛けを感じてしまいます。

第一に指摘したいことは、議論の土台として「日本創成会議」が打ち出した人口予測の前提条件に対する以下の四つの大きな疑問です。

①データ時期の古さ

創成会議の予測は、国立社会保障・人口問題研究所（社人研）の人口推計をもとにしたものですが、2010年国勢調査までのデータしか使われていません。

しかし実際には、東日本大震災のあった2011年以降、たとえば、島根県内では中山間地域を中心にU・Iターンが大きく加速しています。

②2000年代後半の定住実績評価が低い

社人研は、2005～2010年の人口移動率（社会増減）について、長期的には現行水準では続かないという前提で、今後の移動率を2分の1のレベルに減じて予測しています。このため、近年、定住増加を実現した市町村は、その努力が半分程度しか評価されないことになっています。

③データ単位は現在の市町村

同じく社人研の予測は、同研究所の現在の市町村単位のデータをもとにしているため、広域合併が進んだ地方では、山間部や都市部など多様な地域特性による定住状況を反映していません。

④東京一極集中の持続を仮定

このような社人研の予測から引き継いだ問題点に加えて、日本創成会議の予測は、今後とも現在の東京一極集中の社会移動が継続するという仮定になっており、地方圏からの流出がいっそう上乗せされる結果となっています。

まったく異なる未来シナリオ

島根県でいま、もっとも人口パフォーマンスがいいのは海士町です。そこで検証してみると、「消滅自治体論」とはまったく違ったストーリーが浮かび上がってきます。ぜひみなさん、とくに町村のみなさんは自分自身でたしかめてみましょう。海士町について創成会議・人口減少問題検討部会は、首都圏等への人口移動が収束しない場合として、2010年の人口2374人が2040年に1294人と半数近く減少し、20～39歳の女性人口は64・3％減と現在の3分の1近くの52人となり、「消滅の可能性あり」との予測をしています。

それに対し、中山間地域研究センターによる2008～2013年の住民基本台帳データをもとにしたコーホート変化率法予測値では、人口は2110人、20～30歳の女性は145人（±0％）となります。2008年からの5年間の人口増減率を年齢別にみてみると、子ども、高校生、30代がとくに伸びています（図3）。その動態が継続することを仮定すると、人口安定化が実現することがわかります（図4）。こういう

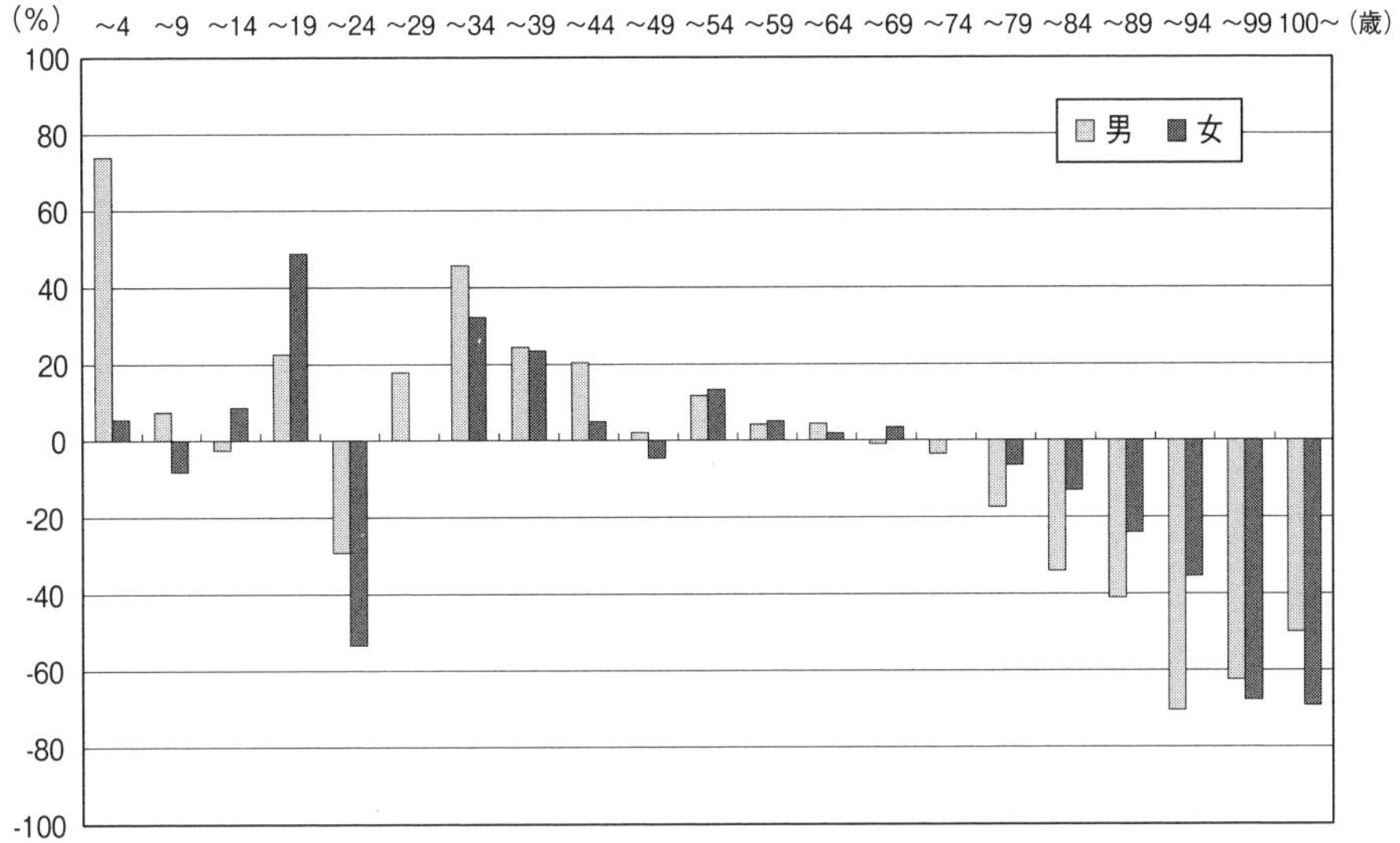

図3　海士町の2008 ～ 2013年における階層別の人口増減率
(5年前の5歳若い集団との比較)

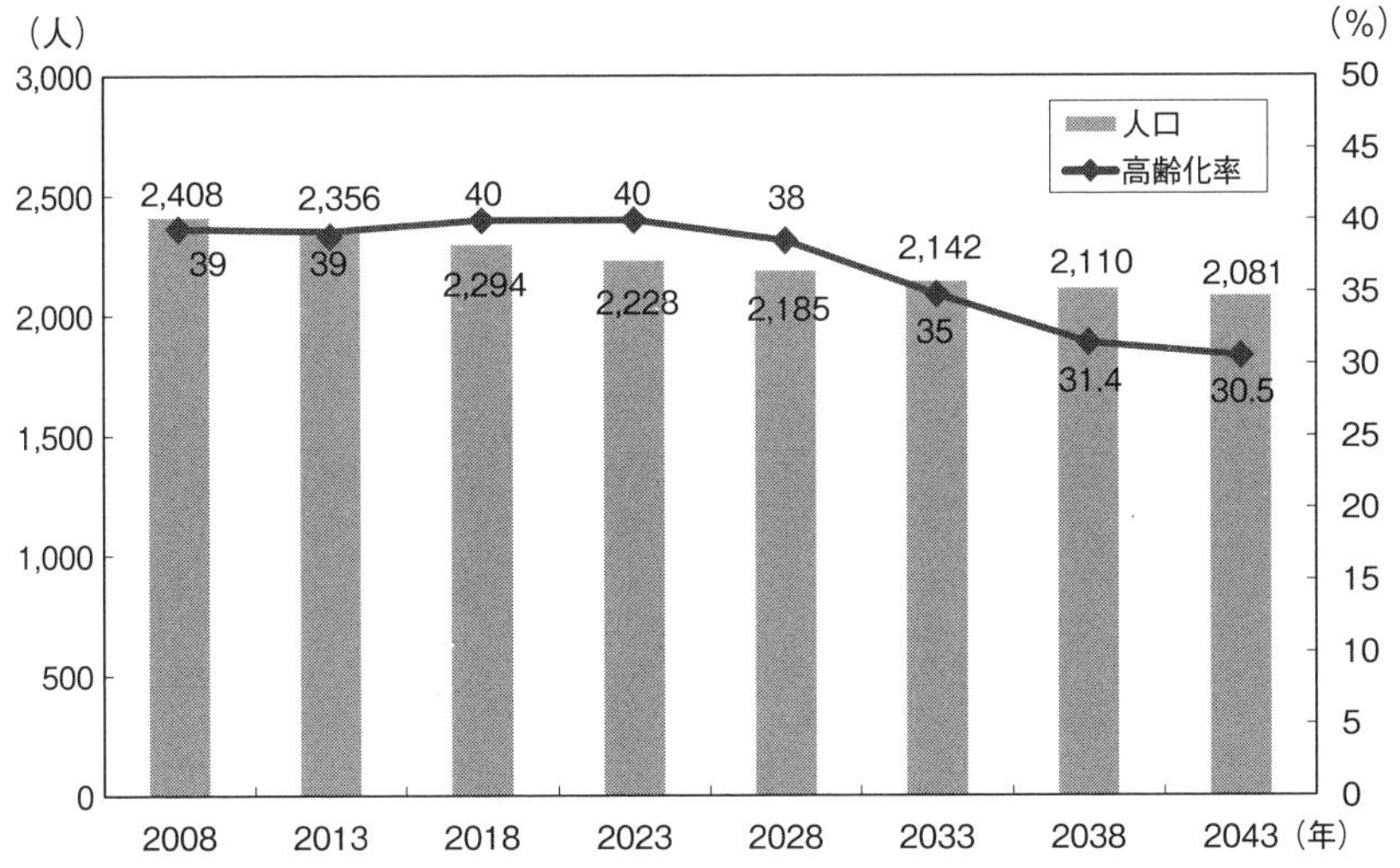

図4　海士町の2008 ～ 2013年の動態が継続すると仮定した場合の今後の人口予測

ことを自分たちで確かめていかなくてはいけません。

未来を設計し直すための三つの視点

また日本創成会議の提言「ストップ『人口急減社会』」（『中央公論』２０１４年6月号）は、「『若者に魅力ある地域拠点都市』を中核とした『新たな集積構造』の構築が目指すべき基本方向」と述べているように、旧来の価値観である「若者は都市指向」としている点がいかにも古臭い。私はこのままの地域と人間の「使い捨て」社会でよいのかと、もう一度問いかけたい。そして今、若者は「田舎の田舎」に注目していると思います。そしてもう一度、未来を本当に設計し直すためには、

①この半世紀にわたり、いびつな集中型国土を形成させた社会原理自体を転換し、

②「若者は都市志向」という旧来の価値観にもとづく「地域拠点都市構想」から、若者が注目している「田舎の田舎」への「分散」を持続可能な社会経済的循環に組み込み、

③国民一人ひとりの日々の暮らしからの積み上げの視点を持たなければならない、

の三つの視点が必要だと考えています。

Ⅱ 時代と人びとが求めるもの
――この半世紀がもたらした限界と地域のつくり直し

「短期集中型成長」の「2周目の危機」

この50年間は過疎と過密の半世紀でした。その間、ずっと中山間地域を支えてきた昭和ひとけた世代の方がいよいよ引退を始め、２０１５年には全員80代になります。しかし同時に深刻なのは都市部につくられた団地です。その団地が今、いっせいに高齢化しています。

東日本大震災が起きた一方で、アジア・アフリカでは日本がたどってきたような都市集中が起きようとしています（図5）。こういう状況がさまざまな問いを私たちに投げかけています。昭和ひとけた世代が80代になるとともに、農業からの大量引退が始まっています。小規模高齢集落では昭和ひとけた世代の方がほと

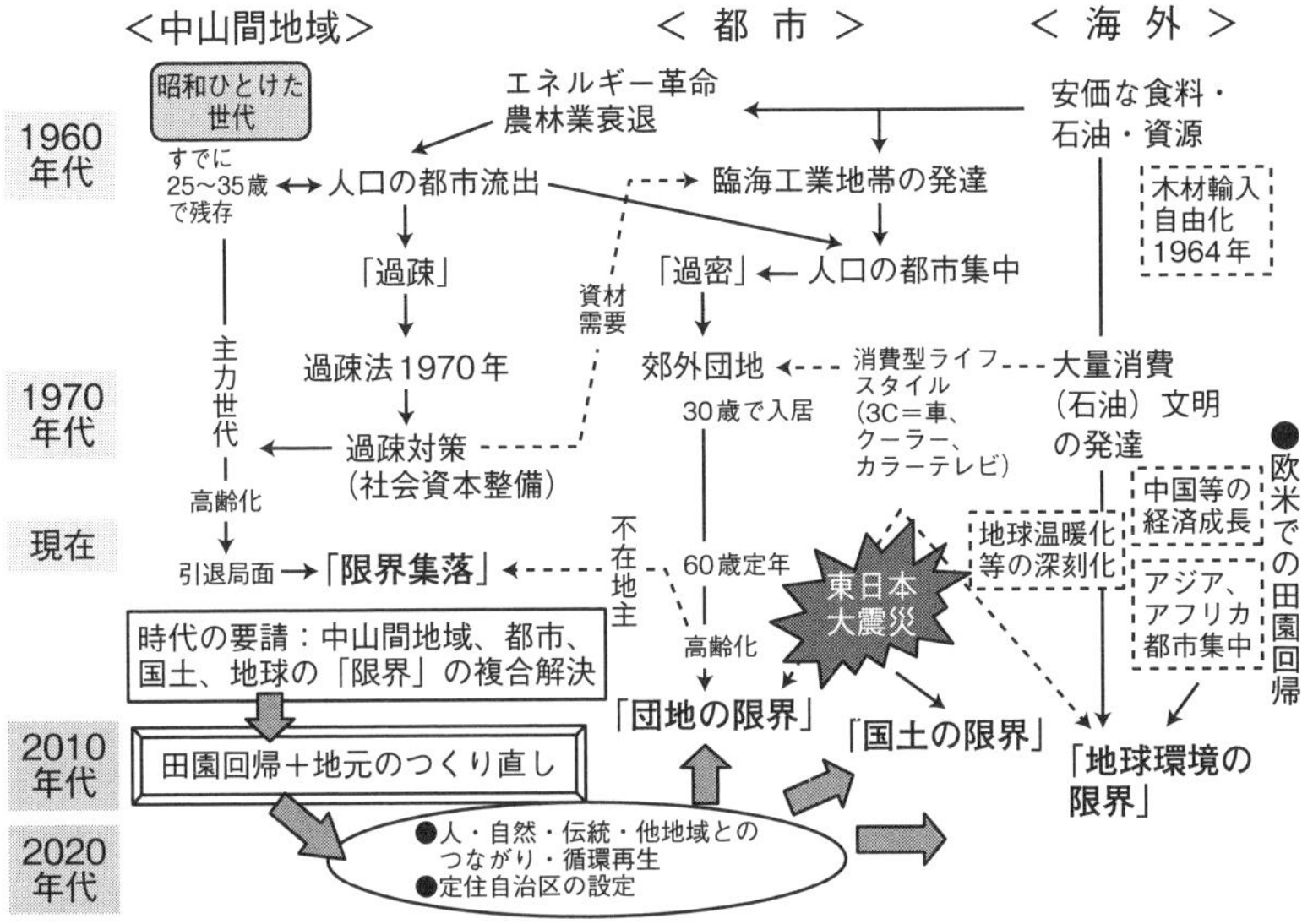

図5　この半世紀がもたらした限界と、求められる「田園回帰＋地元のつくり直し」

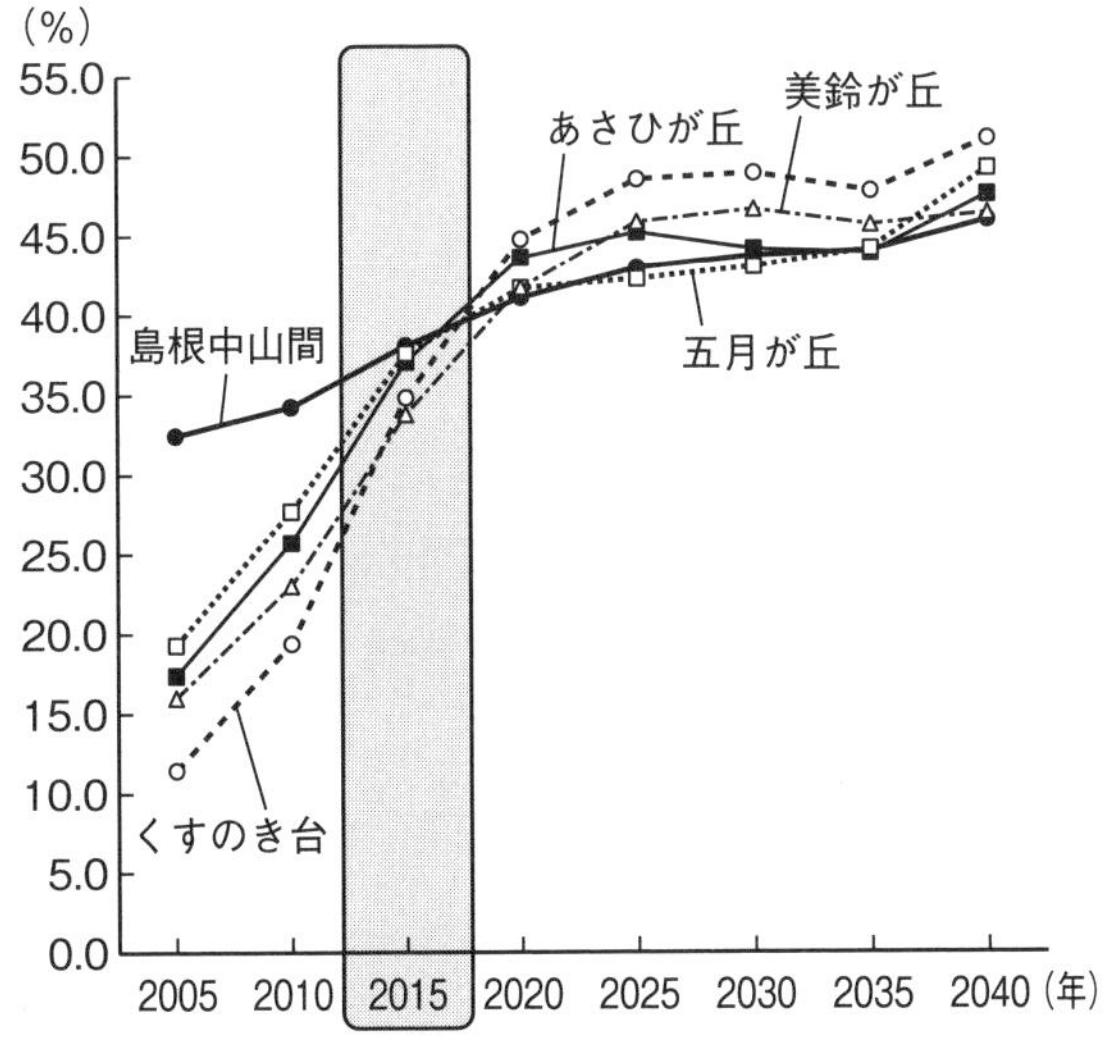

図6　2015年危機＝団塊世代が全員高齢者になると、都市部の団地の高齢化率が島根県の中山間地域の高齢化率を上回る（広島市の団地との比較）

んどですが、なにもしなければ集落が消えかねない状況にある。一方、都市部の団地は10年くらいの間につくられていますから、いっせいに入居した人たちが、いっせいに高齢化します。来年、団塊世代が全員高齢者になると、都市部の団地の高齢化率が島根の中山間地域の高齢化率を上回るような状況になります（図6）。

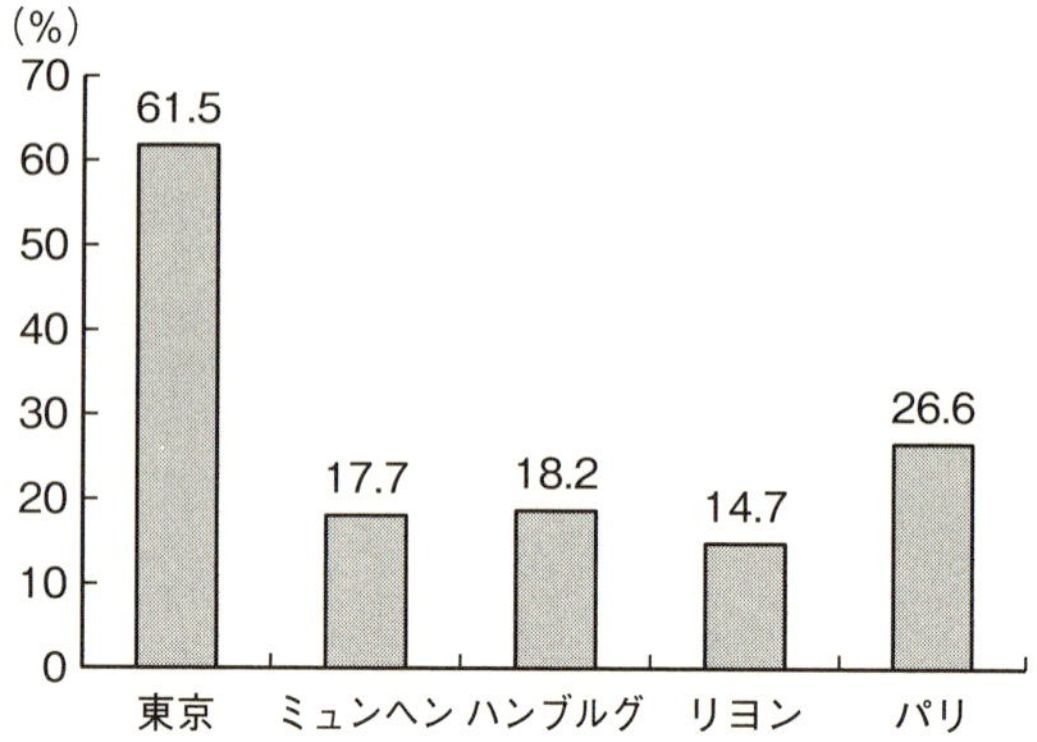

図7　夫の帰宅時間が20時以降の割合（1999年）。東京の暮らしは世界的にも異常

注）東京：東京30㎞圏内の妻年齢が35～44歳世帯
出典）（財）家計経済研究所「フランスとドイツの家庭生活調査」（2005年）

東京の高島平は大変な高齢化が進んでいます。実際に行くと、団地は人間の老いや死を受け止めることができないような構造であることがわかります。亡くなっても棺桶はエレベーターに横に入らないつくりになっています。そういう場所で孤独死を含むさまざまな問題が起きています。日本はあまりに野放図に集中しすぎました。

私は家族と暮らし、一緒に夕食をとることが非常に大切なことだと思っています。ところが、東京のとくに「お父さん」方は、20時の段階で約6割が帰宅しておらず、ミュンヘン17・7%、パリ26・6%などの他国と比較しても異常な暮らしであることが見えてきま

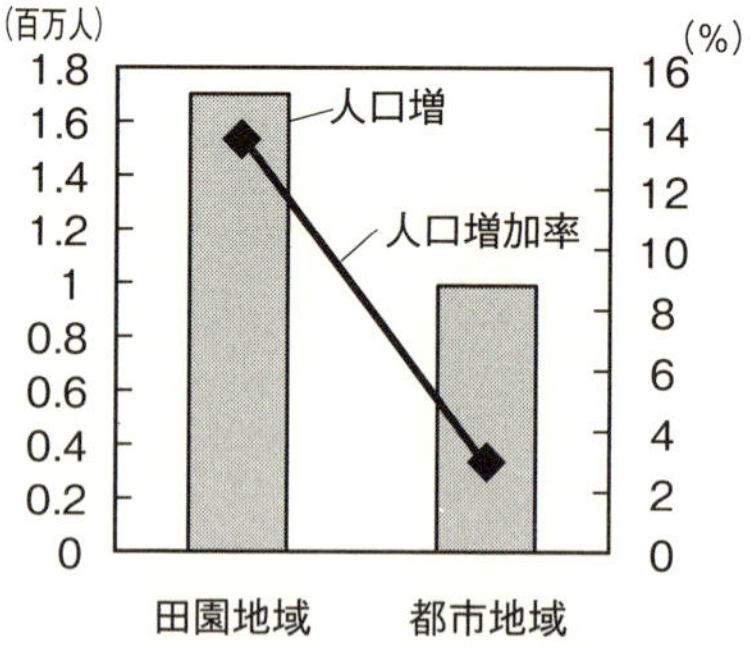

図8　イングランドにおける1981～2002年の田園回帰（2002年現在人口　田園地域1410万人、都市地域3540万人）

背景：美しい環境の中での質の高い暮らし、犯罪の少なさ、
田園関係の仕事や趣味
地域社会への参加意識

す。こんなところにもひずみが表れています（図7）。

東日本大震災、南海トラフ巨大地震という災害時には、集中化が進んだ国土はリスクが大きいということも認識され始めました。鳥取県智頭町のような、広域的な助け合いの「疎開保険」なども必要だと思います。

高度成長期以来の、「大規模・集中・専門化・遠隔化」によって国土を大きく整備していこうという「規模の経済」原理による1周目の「短期集中型成長」のひずみが、次世代の2周目に入った途端に噴出している状況だと思っています。

求められる田園回帰と「地元」のつくり直し

そして、先進国の中で田舎の人口が減って困っている国は日本だけです。イングランドの例を見てみますと、80年代から「田園回帰」が始まっています。30年前からはっきりと田園地域のほうが人口が増えていますす（図8）。けっして世界的に田舎が困っているわけではないのです。

一方で、アジア、アフリカ、日本の人口規模の10倍の中国でも、日本と同じような都市集中が起ころうとしています。それに対して私たちは日本の教訓をどうやって打ち出し、共有できるのかが問われています。昨年12月に初めてベトナムに行って来ました。すさまじい都市集中とモータリゼーションが始まろうとしています。このまま行けばベトナムにとっても、地球環境にとっても持続可能だとはとうてい思えません。

求められているのは田園回帰と「地元」のつくり直しです。人間・国土・地球環境から見て、あるいは国際的に見ても持続可能な地域社会を暮らしから再構築することです。たんに「中山間地域が困っているから田園回帰を」ではありません。もう一度長続きできる暮らしをする、あるいは長続きさせたい地域や社会を取り戻すということだと思います。

Ⅲ 「田舎の田舎」に次世代定住
——田園回帰の現場論

山間部・離島で子どもが増加

さて、では今、何が起きているのか。島根県の市町村よりも小さな、まさに定住の舞台となる「地元」、一次的な生活圏となる公民館や小学校区、昭和の旧村を見てみましょう。平均人口は１３７０人の、県と市町村で設定した２１８エリアの生活圏です。図９は、２００８年と２０１３年を比較し、４歳以下の子どもの数の増減をそのエリアごとに示したものです。１人以上増えた地域に注目して下さい。５年間で１人以上増えた地域が73エリア、全体の３分の１以上あります。しかもこの分布が非常に興味深い。全県まんべん

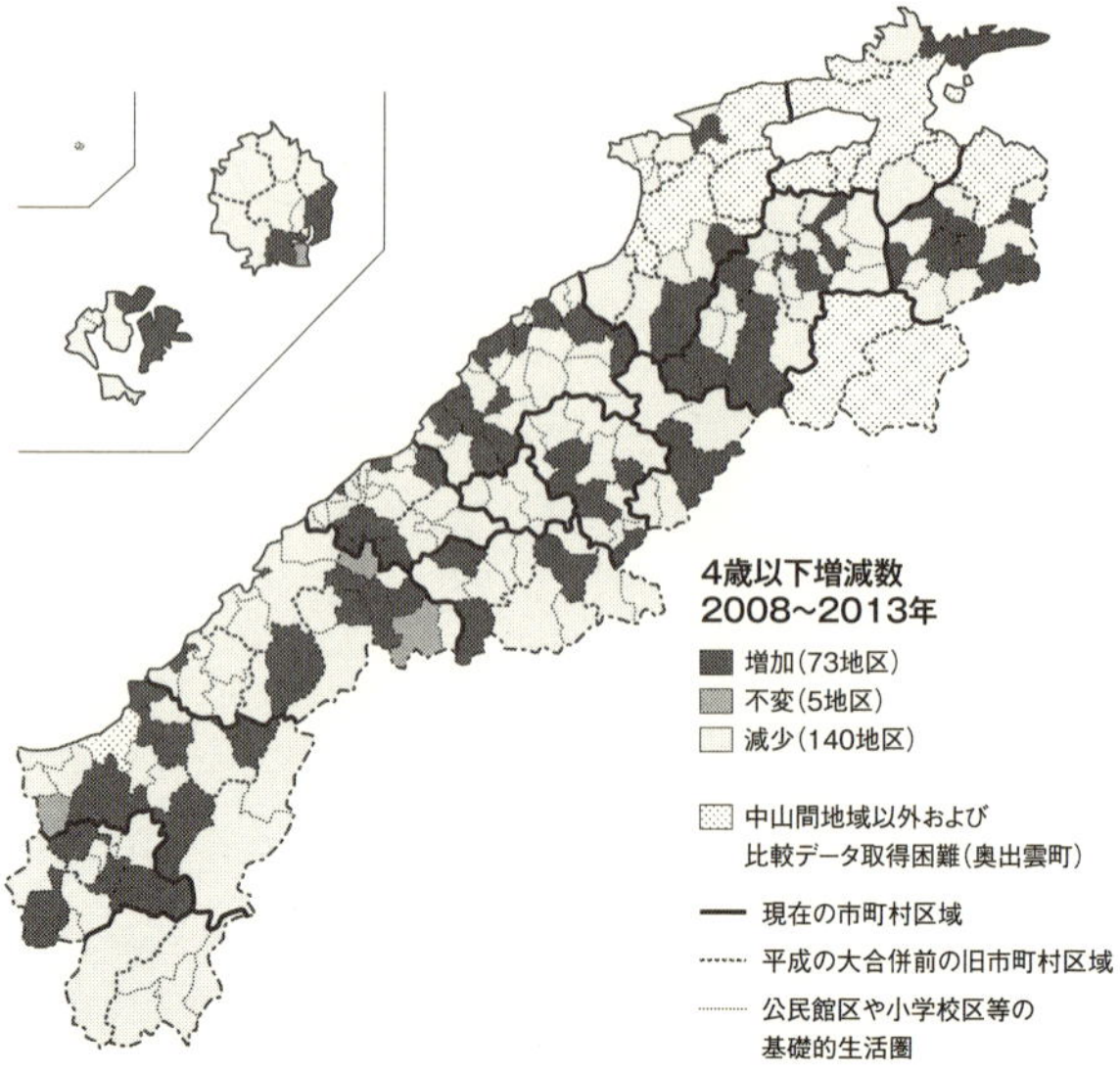

図９　島根県中山間地域における４歳以下の子どもの増減
(2008 ～ 2013年住民基本台帳データによる比較)

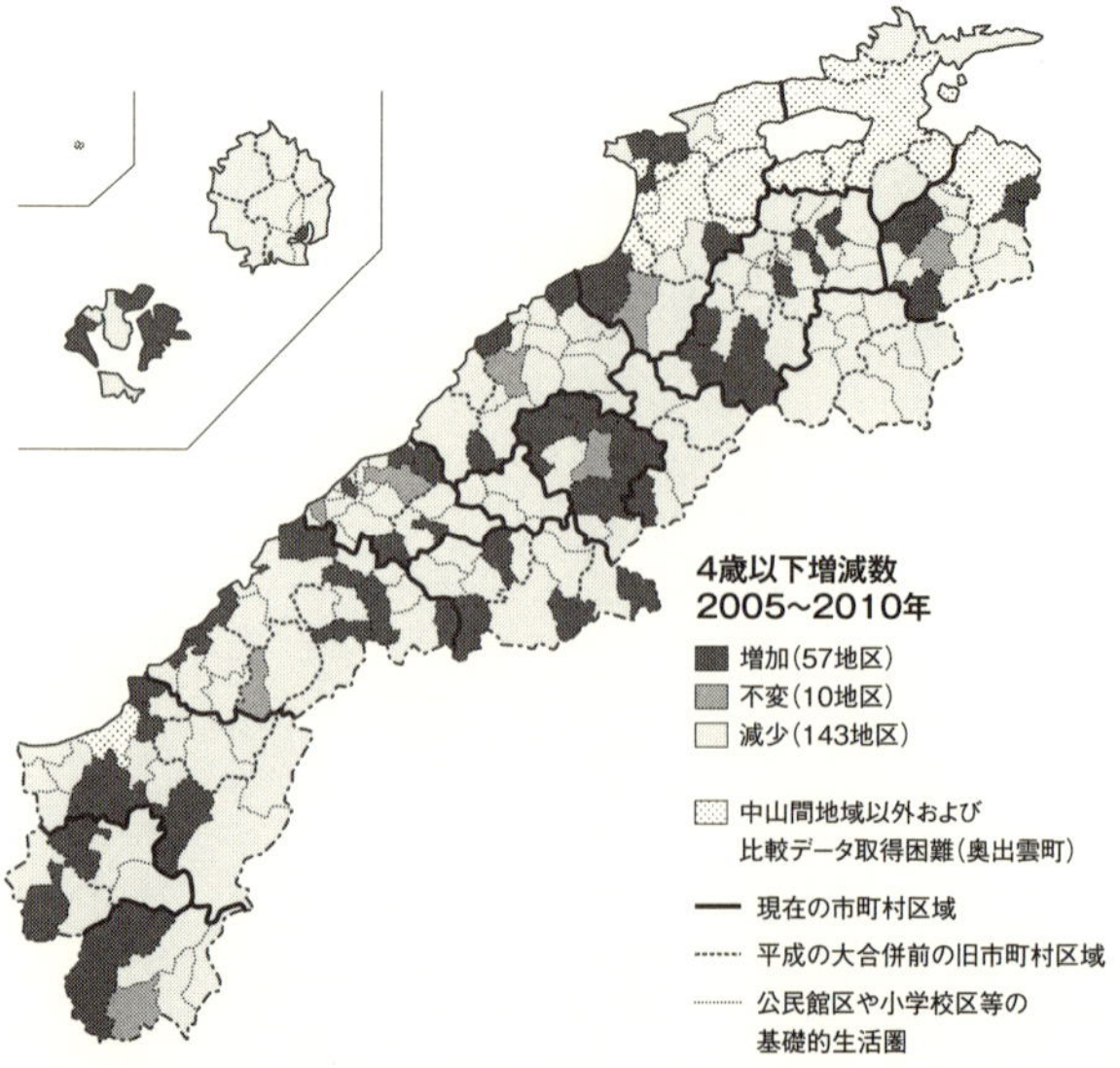

図10　島根県中山間地域における４歳以下の子どもの増減
(2005 ～ 2010年国勢調査による比較)

なくありますが、松江市、出雲市などの都市に近いエリアに子どもが増えているのではなく、また市町村の市役所や役場の所在地近辺でもなく、山間部や隠岐の島などの離島から先行して増えています。こういう驚くべき事実が実際には起きています。

ちなみに、山間部や離島で増える傾向は２００５年くらいからあって、２００５～２０１０年の国勢調査では２２７地区中57地区、約４分の１で増加していましたので、近年その傾向が加速していることがわかります（図10）。

地域現場の次世代定住の動き

私が住んでいる益田市で、小学生が増えている集落の分布を見ると、一番目立つのは広島県境に近い山間部の匹見町道川という地区です。６集落のうち、５集落で増加しています。道川地区は人口１６１人、高齢化率47・２％です。道川小学校では３人だった生徒が14人に増加しています（図11）。Ｉターンよりも Uターンの方が多い地域ですが、全戸がＰＴＡ会員となって子どもを手塩にかけて育て、神楽でつながり、地区の文化・伝統が息づいている地域です。地区ぐるみでここで一緒に暮らそうという場所に人びとが帰り始めているのです。

人口５８９６人、高齢化率39・９％の美郷町では、定住に力を注いでいます。集落支援員や地域おこし協力隊を配置して地元コミュニティを強化し、イノシシ

図11　５年間で生徒が３人から14人に増加した益田市道川小学校（撮影：檜谷邦茂地域づくり支援研究員）

活用で産業をおこし、思い切った住宅整備をしています。現状は、居住・修繕可能な空き家はあまり残っていないのですが、役場の近辺に集中して住宅をつくる方式ではなく、過疎債を使って定住住宅（賃貸）を地区ごとに分散整備する対応をして13地区中5地区で人口定常化を達成するという成果をあげています。

人口2356人、高齢化率38・8％の離島の海士町は、2004年から2012年の9年間で361人がIターンしました。2年前に各学年1クラス増という偉業を成し遂げた隠岐島前高校があります。地元も頑張っていますし、「島留学」というかたちで「明日の日本をリードする子どもを育てよう」という理念に共鳴して島外からもどんどん子どもたちが来ています。その海士町の合言葉は「ないものはない」です。すばらしい開き直りで、「ないものはないのだからないものねだりはしない」ということです。しかし、「生きていくうえで必要な物はすべてある」という確信も同時にもっています。このような価値観に共鳴して人びとが集まってきています。

島根県全体では、社会増減（転入人口マイナス転出人口）の減少幅が町村も含めて狭まってきています。

2008年はマイナス3277人でしたが、年々数百人単位で転入が増加し、2013年にはマイナス810人までできました。島嶼部や山間地では社会増を実現している地域も出てきています（図12）。

なぜ「田舎の田舎」なのか？

それでは、今、なぜ人びとは「田舎の田舎」へ向かっているのでしょうか？　それは、

①東日本大震災が転機となって都市優位の意識が終わり——都市よりも田舎

②中途半端な「田舎の都会」より「田舎の田舎」に行きたいという意志をもつ人が増え——中心よりも周辺

③「収入」よりも「暮らし」が優先——「楽ですぐ」よりも「手間ひま」かける

④30〜40代の女性の積極性が目立つ——男性主導から女性も主導へ

という「意識の地殻変動」が起きているからのようです。このような「地殻変動」に、住民も行政、首長も乗り遅れてはいけないと思います。

年	2008	2009	2010	2011	2012	2013
全県（人）	▲3,277	▲1,864	▲1,347	▲1,221	▲1,487	▲810
町村（人）	▲641	▲557	▲341	▲290	▲373	▲218
社会増 市町村 ★山間部 ☆離島	西ノ島町☆	吉賀町★ 海士町☆	出雲市 飯南町★ 美郷町★ 海士町☆	出雲市 飯南町★ 美郷町★	飯南町★ 美郷町★ 海士町☆	出雲市 益田市 海士町☆ 知夫村☆

図12　島根県における2008 ～ 2013年の社会増減（転入人口ー転出人口）

Ⅳ 人口の1％を毎年取り戻せ
――田園回帰の人口論

わかりやすい地域人口プログラム

こうした動きを受けて、島根県中山間地域研究センターでは、エクセルシートにプログラムを組み込んで、手軽に地域人口予測ができるプログラムを私を中心に開発し、県内の全地域に提供しています（図13）。直近5年間の男女5歳刻みの住民基本台帳の人口データさえあれば予測可能です。そのデータを入力すれば、あと何人定住者が増えれば、「総人口の安定・高齢化率の低下・子ども数の維持」という地域人口定常化の3条件を満たすことができるかがわかるようになっています。

結論から言うと、人口を毎年1％ずつ取り戻せば人口はほぼ安定します。たとえば私が生まれた、人口約600人、高齢化率46％の益田市二条地区では、今後は高齢者が減ってくるので極端な高齢化は起こりませ

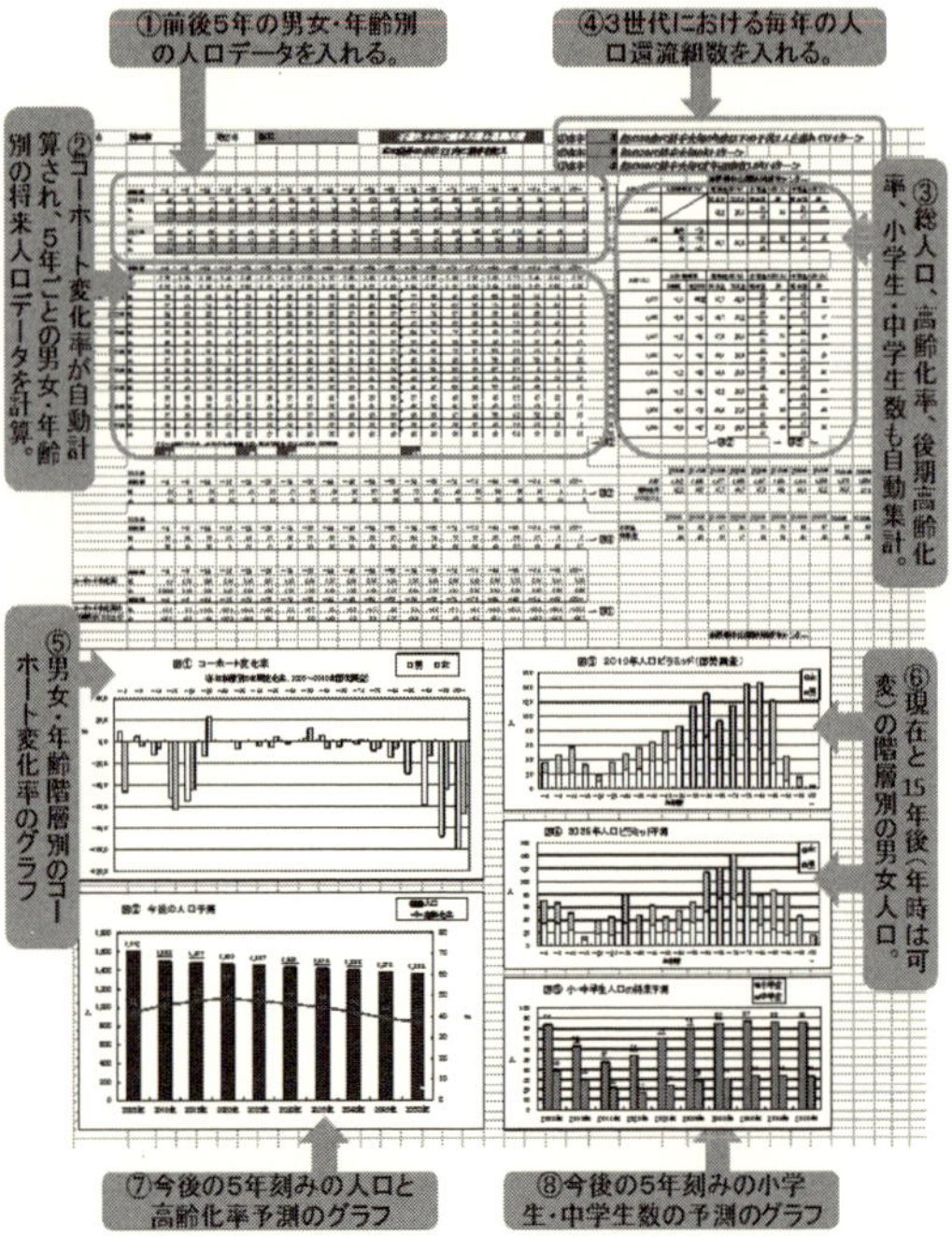

①小地域の人口推計に適した「コーホート変化率法」をエクセルシートに組み込む

②直近５年間の男女５歳刻み人口データがあればOK（住民基本台帳から毎年でも作成可能）

③「この５年間の定住状況が今後とも続けば…」というわかりやすい予測の前提

④人口定常化に必要な定住増加組数を入力するだけで自動的に未来の人口シナリオを作成

図13　中山間地域研究センターが開発した、手軽に地域人口予測ができるプログラム

んが、小学校と中学校の維持はきびしくなりそうです。

「では、どうしていくのか？」を考えるところが市町村消滅論とはちがうところで、もしこの地域で年1組ずつ20代男女、4歳以下の子どものいる30代前半男女、定年帰郷の60代前半男女の移住者が増えていけば、高齢化率は下がり、人口減少は緩やかになっていきます（図14）。小・中学生人口の将来予測では、長期的にやや増加していくことがわかります。子どもの数を含めた地域人口の定常化が見えてくるのです（図15）。

中山間地域全２１８エリアの分析予測と未来人口シナリオ

このような地域人口の定常化に必要な毎年の定住増加組数を島根県の全中山間地域２１８エリアにわたり、算出し集約してみました（図16）。その結果、県中山間地域の約1割にあたる21地区、その大半が山間部、離島ですが、この5年間の定住状況を前提にすれば、人口定常化をすでに達成していることが判明したのです。また、半数近い

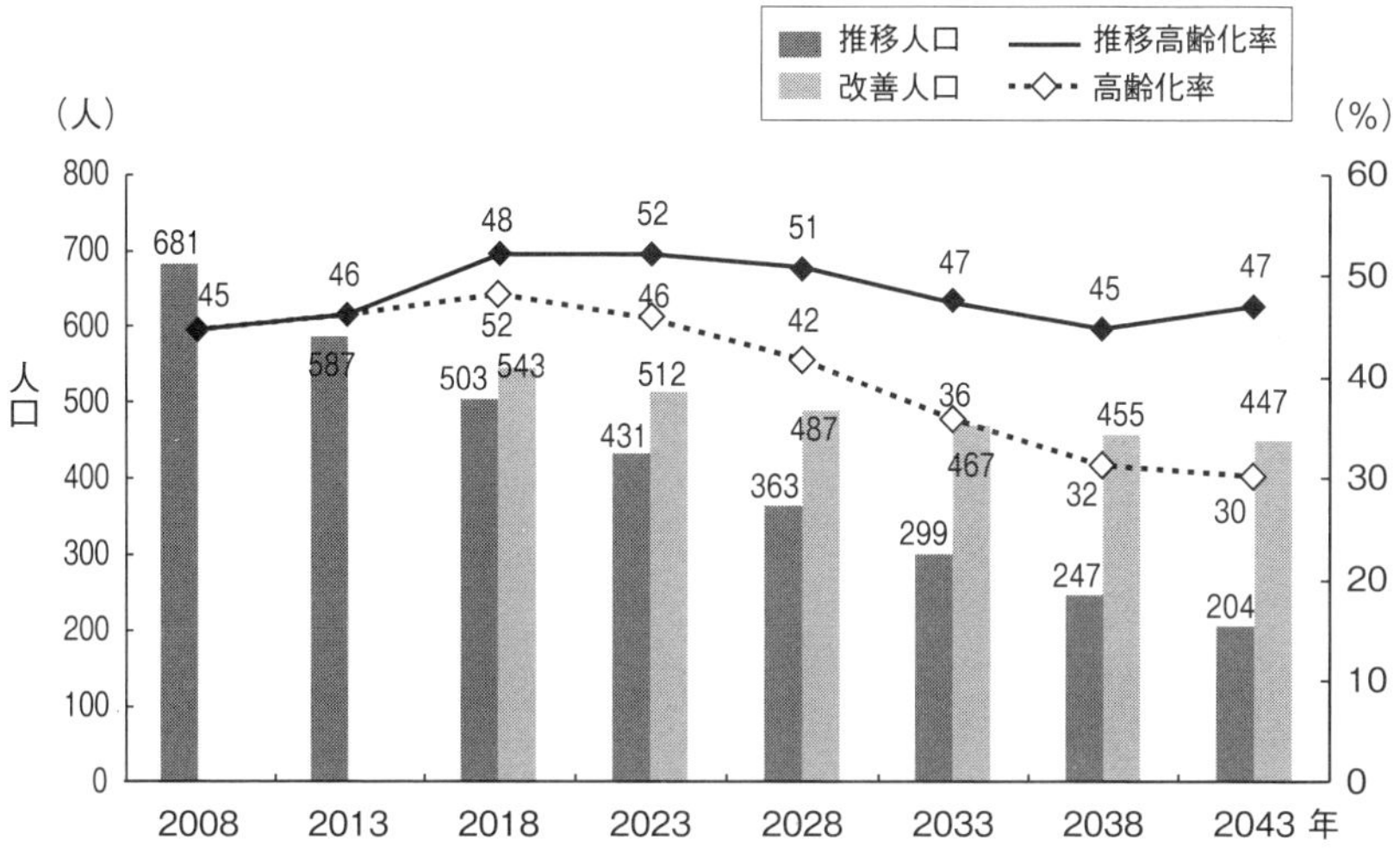

図14　益田市二条地区の人口および高齢化予測
＊図14、15ともに現状の動態が継続した場合と、毎年各年代1組の定住増加が継続した場合を比較

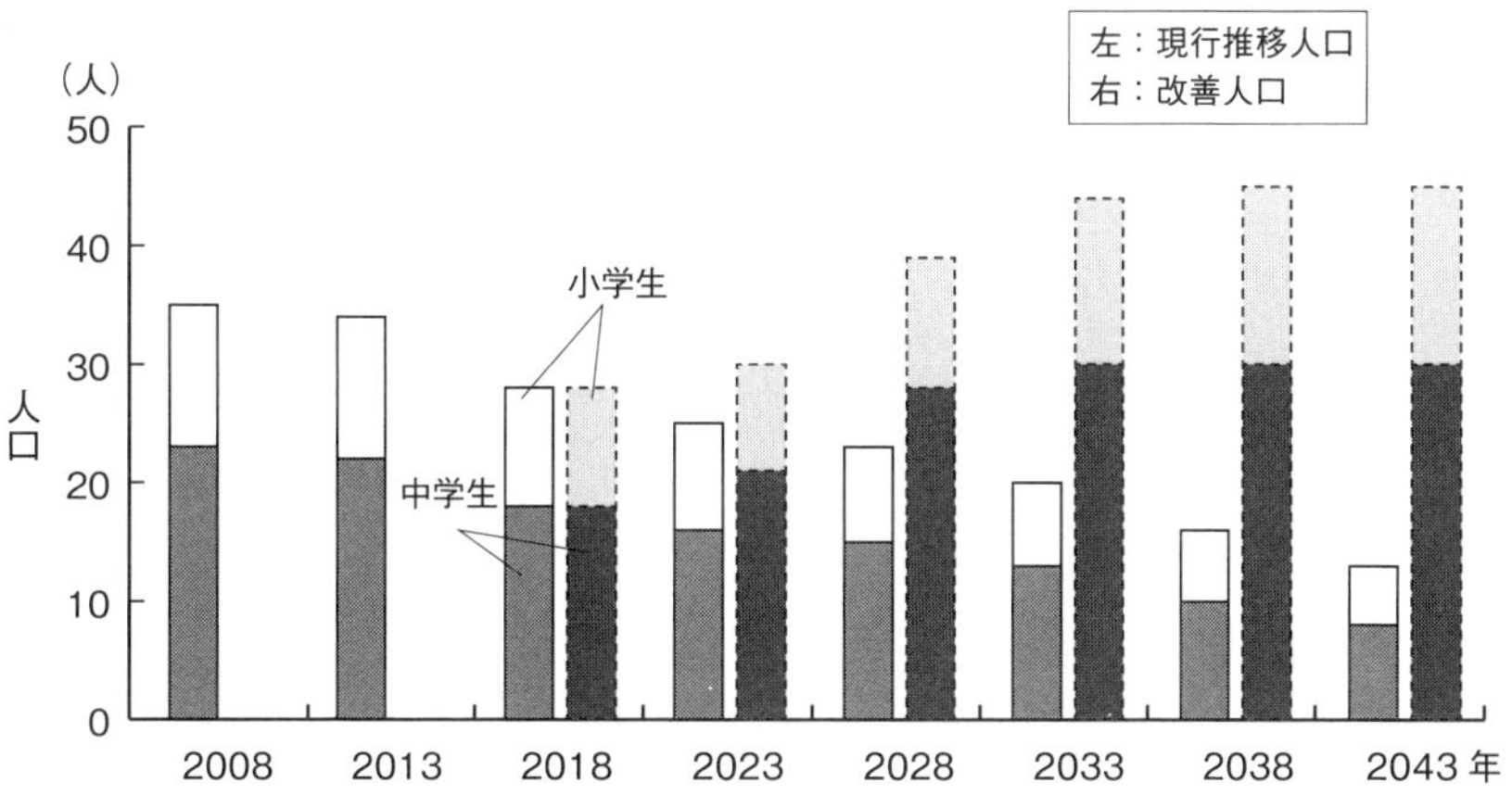

図15　益田市二条地区の小・中学生の人口予測

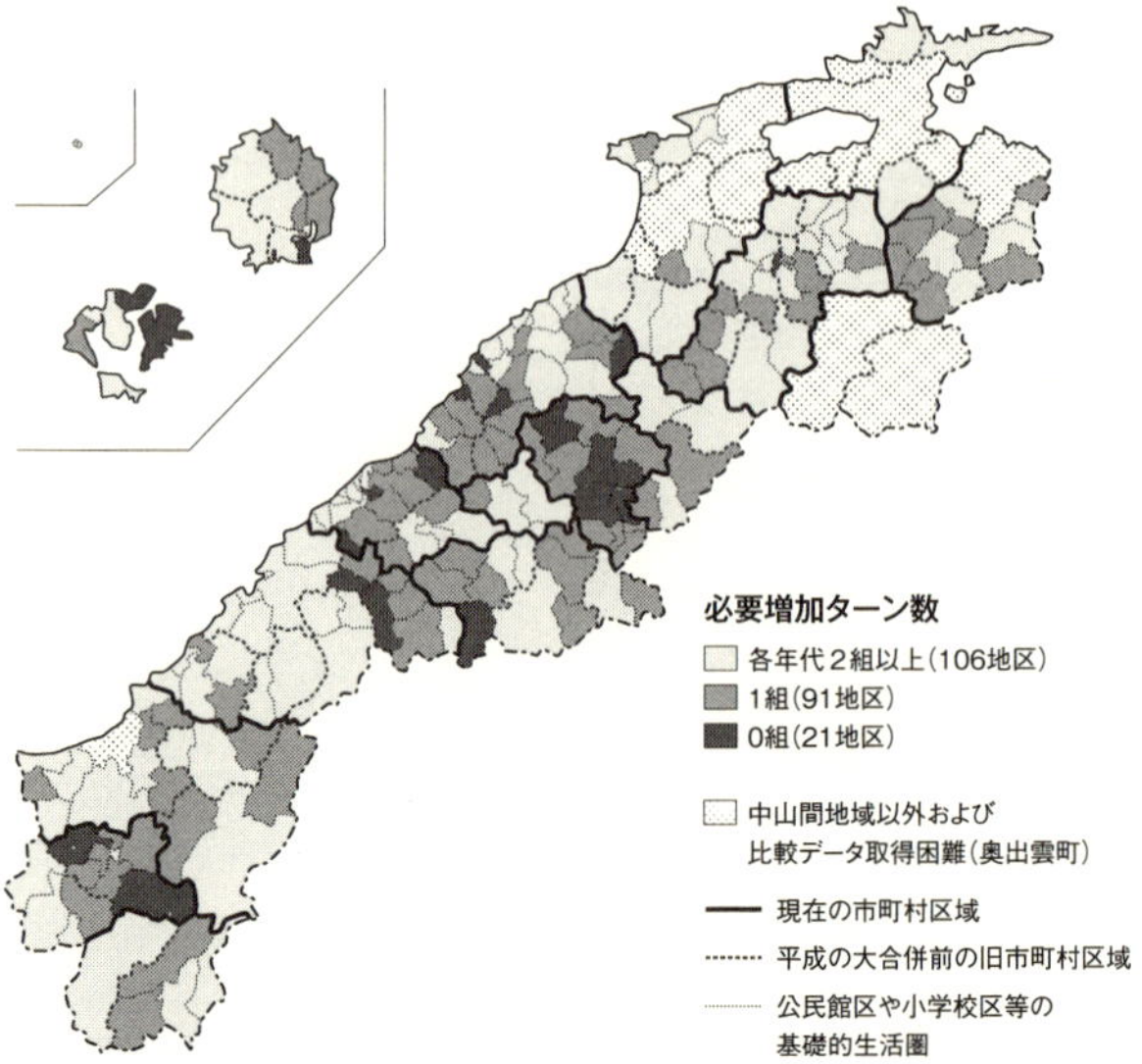

図16　島根県中山間地における地域人口定住定常化に必要な定住増加組数

91地区では、各年代1組の定住増が実現すれば、人口定常化が実現します。県中山間地域全体の必要定住増加人口は３０１７人（４３１組×3世代＝１２９３組）で、中山間地域人口31万人の1％です。１％の人口が毎年増えることで、中山間地域全体が安定します。これは首都圏人口３５６２万人の１万分の1でしかありません。それは島根県だけの数字ですが、ほかの道府県で同様の定住増加の取り組みをしたとしても、首都圏からの転出で十分にまかなえる数字です。

逆に言えばあまりにも首都圏に人が集まりすぎているということでもありますが、ぜひほかの道府県、市町村でも、住民基本台帳データさえあればできる人口定常化予測をやってみることによって、よりたしかな未来像を全国的に共有できるのではないかと思います。

「人口拡大計画」に取り組んでいる益田市では、20地区ごとに目標を定めてがんばろうとしています。まだまだ政策上、足りないところもあると思いますが、各年代66組の流入増加という目標を掲げて歩き出したということが非常に重要だと思います。邑南町の12地区の分析では、どこかの地域が集中してひとり勝ちしているとか、どこかの地域が大きく減ってひとり沈みし

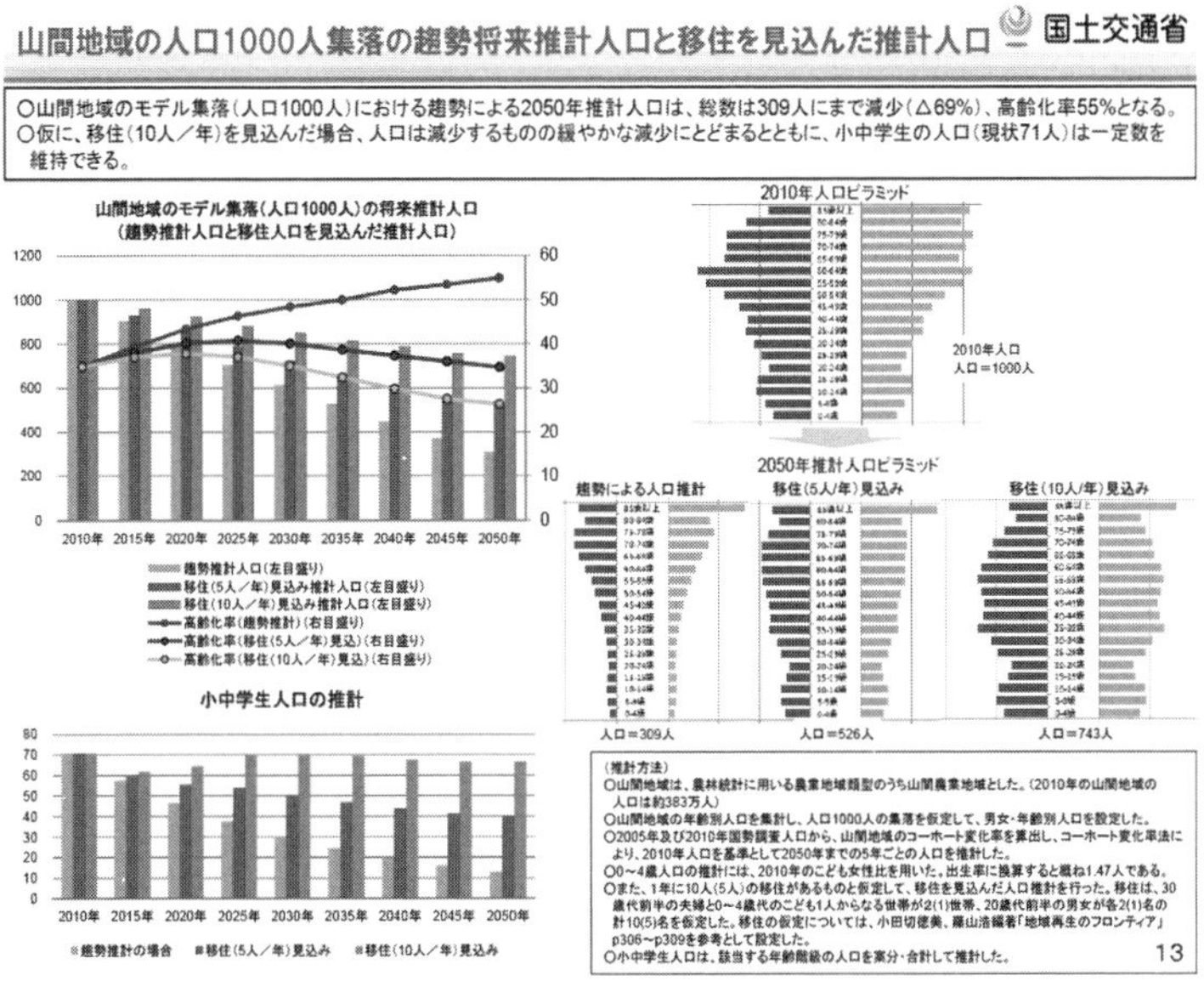

図17　国土交通省国土政策局「国土のグランドデザイン」資料でも「地域人口1%取戻し戦略」を紹介

ているということがないバランスのとれた状況であることがわかります。たいていの地域はあと1組か2組の定住増加で定常化につながります。

「じっくり、ゆっくり」の人口還流が大事

このような「地域人口1%取戻し戦略」は、本年（2014年）3月に発表された国土交通省国土政策局の「国土のグランドデザイン」でも紹介されており、人口減少と高齢化が進んだ「山間地域のモデル集落（人口1000人）における趨勢による2050年推計人口は、総数は309人にまで減少（マイナス69%）、高齢化率55%となる」が、「仮に、移住（10人／年）を見込んだ場合、人口は減少するものの緩やかな減少にとどまるとともに、小中学生の人口（現状71人）は一定数を維持できる」としています（図17）。「地域人口1%取戻し戦略」はけっして島根県だけの特殊解ではないのです。全国的に、もっとも状況がきびしい山間地域だけを取り上げても、「1%取戻し戦略」が有効であることの意味は大きいのです。

地域人口の1%を毎年取り戻すことで、人口減少・高齢化・少子化はストップできるわけです。あせるこ

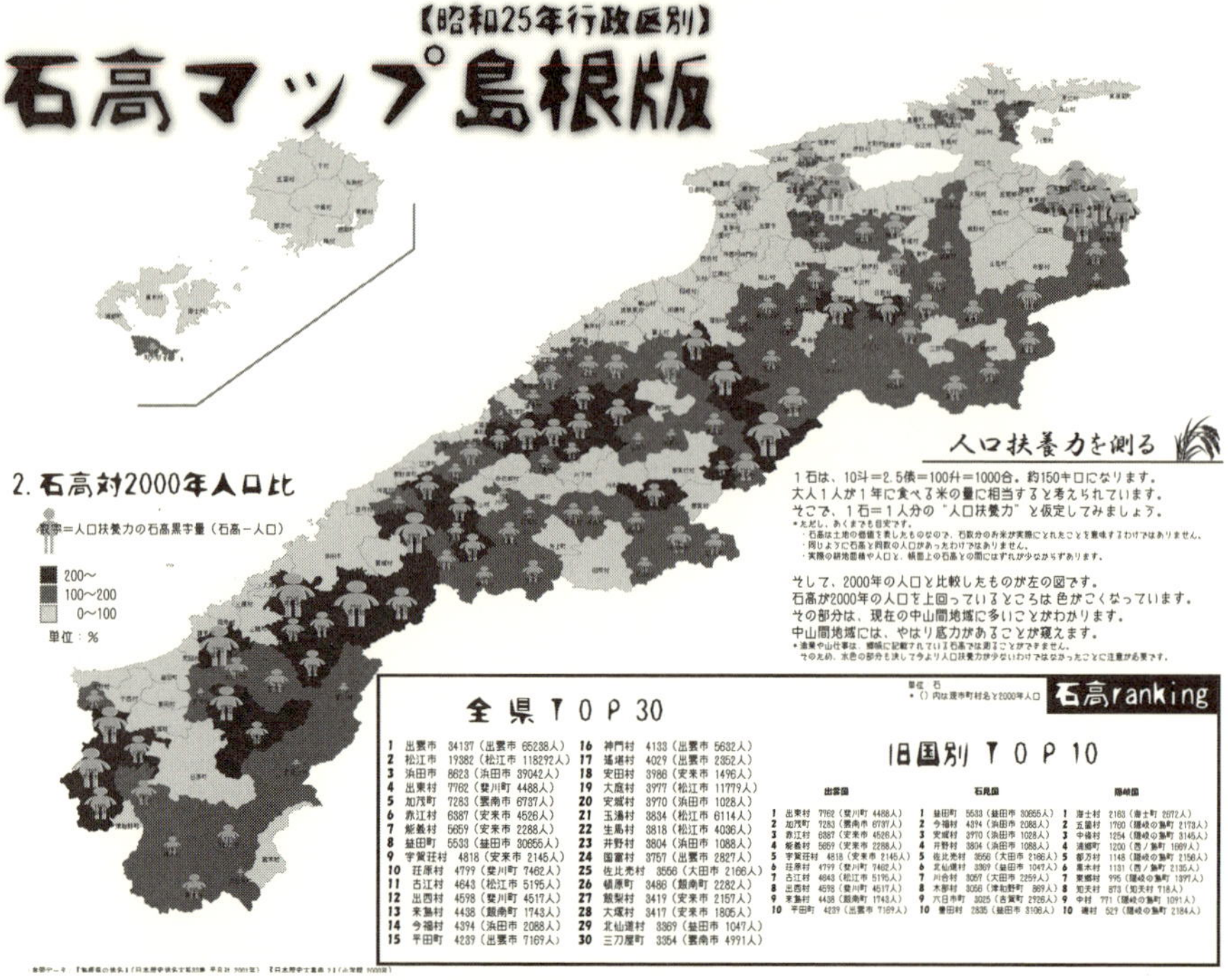

図18　地域の人口扶養力を測る「石高評価」

（2010年、島根県中山間地域研究センター客員研究員、土田拓氏を中心として作成）

とはありません。1％でいいのです。一度にたくさんの人口を流入させて、一斉高齢化を招いた「団地の失敗」をくり返してはいけません。あくまでも「じっくり、ゆっくり」というのを強調したいと思います。私が住んでいる集落では6年連続で年1組を実現しています。こういうペースが重要です。いっきに年6組では、入ってくる家族も、地域社会もなかなかなじめません。

人口還流の上限は？

また人口還流の上限についても、浜田市弥栄自治区で各集落ごとに検証しています。「1集落1年1組」増加方式で還流すると、2010年に1494人だった人口は2050年に5444人となり、「過疎以前」の1960年の5288人を上回ります。そのときに食料、エネルギーは大丈夫なのか？　私たちの長期のシミュレーションでは、過疎以前のレベルまでは大丈夫という結果が出ましたが、そのためには耕作放棄地や森林資源の適正な組み換えが必要で、21世紀版「石高評価」というような、環境評価も必要かもしれません（図18）。

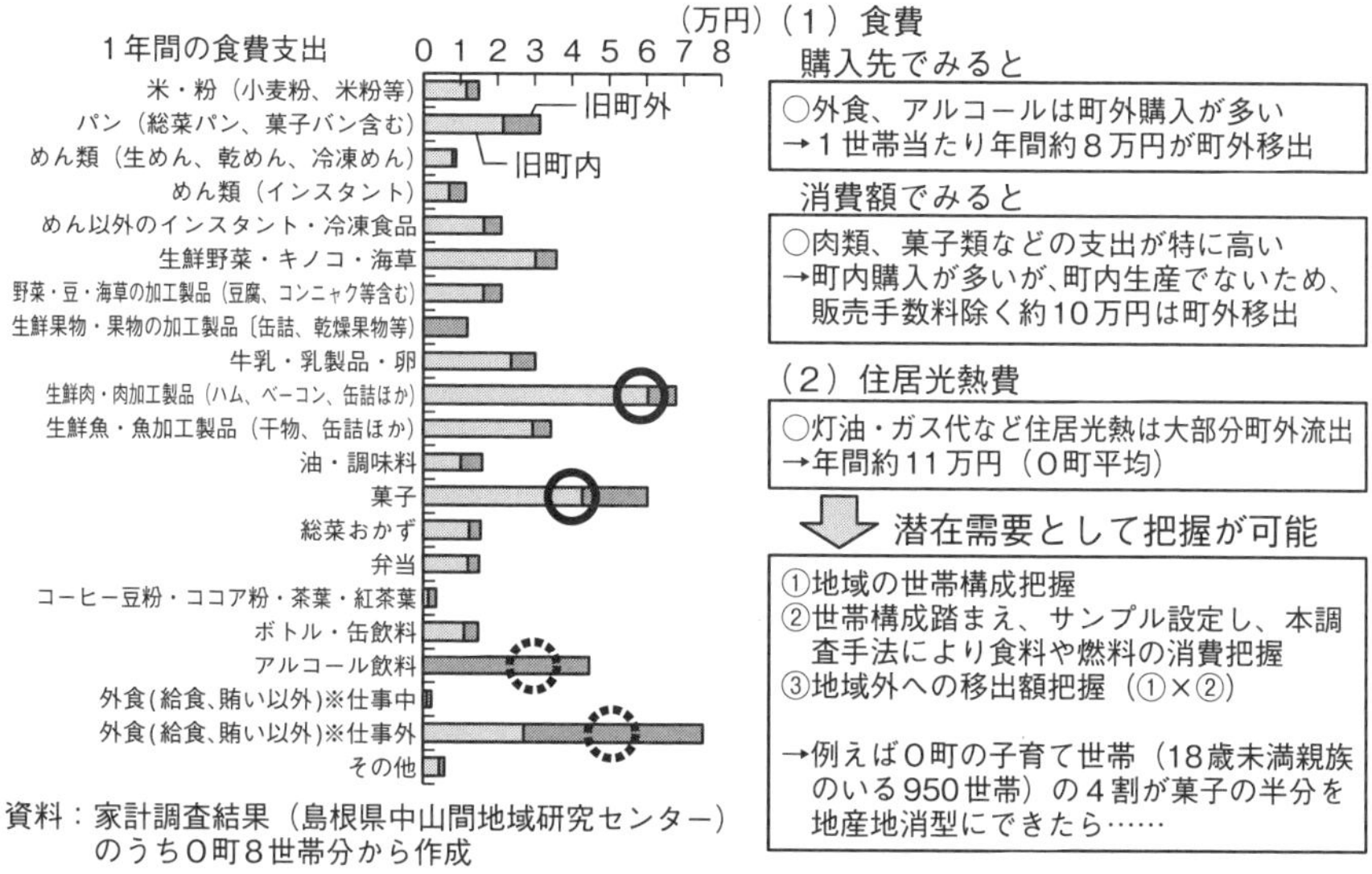

図19　中山間地域の子育て世代の消費特徴と潜在需要例
（図20とともに有田昭一郎主席研究員の調査による）

Ⅴ　所得の1%を取り戻す
——田園回帰の経済論

地域住民の総年間所得額に匹敵する額が域外に流出

次はお金の話です。これまで申し上げてきたように、定住には1%増えればいいのですから、それに必要な所得も1%増えればいいということです。それをどこから取り戻すのか？　じつは中山間地域の市町村の多くでは、日々の食料や燃料そして日用品、住宅あるいは行政の調達品に至るまで、少し安いからと言って所得の外部流出をしています。ではこれを地元に取り戻したらいくらぐらいになるのでしょうか？

中山間地域研究センターの有田昭一郎主席研究員の徹底的な家計調査によると、中山間地域の各家庭が何にお金を使っているかがわかります（図19）。食費ではパンに年間3万円、お菓子代がすごくて6万円、ビールなどのアルコール飲料4万円とか、レストランな

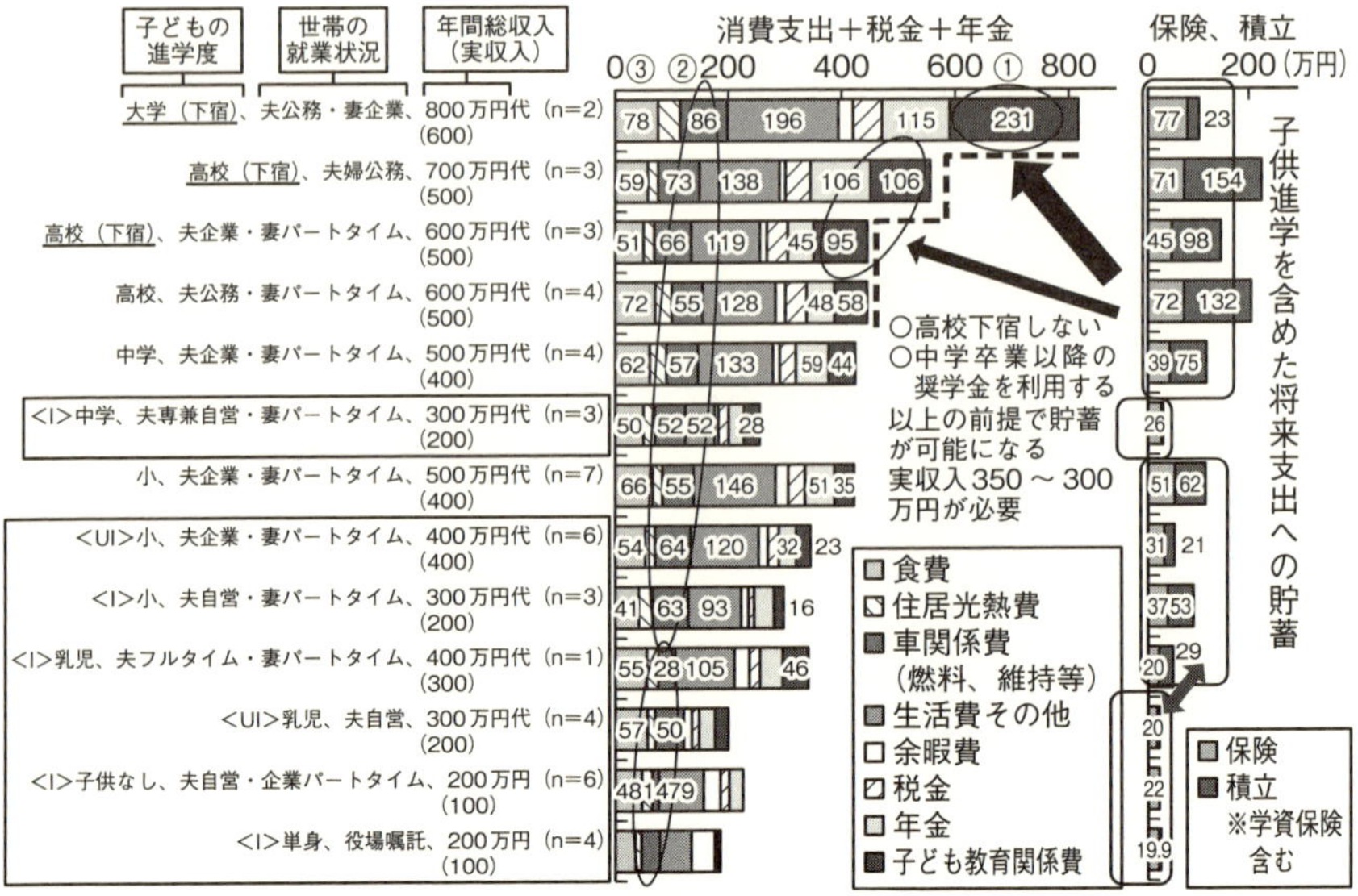

図20　中山間地域の子育て世代の収入・支出・貯蓄の特徴
（島根県中山間地域研究センター有田昭一郎氏作成）

どでの外食7万円とか。住居光熱費の灯油・ガス代などは11万円で大部分町外流出です。1000世帯なら1億円。こういったものを域外から買っています。域内でつくったものを買えば域内の所得になりますが、域外の既製品を買えば所得の流出になります。お金がないないと言いながら、外にお金を出しているというのが中山間地域の実態なのです。

有田研究員は、子育て世帯の収入・支出・貯蓄についても調査しています（図20）。おそろしいのは島根から都会の大学に子どもを出したら1年間に231万円かかることです。4年間でおよそ1000万円。このあたりは国レベルの高等教育機関への助成が必要だと感じています。また車の燃料・維持費14～86万円というのも判明しています。このあたりも取り戻していかなくてはならない。

逆に食料とか燃料というのは中山間地域にないわけではないのです。5割分まで取り戻すといくらになるかというと、705世帯1620人の村では2億円くらいになる可能性があります。さらに具体的な数字を示すと、私が住んでいる高津川流域、人口5万人の益田市を中心とする7万人の益田圏域は、産業連関表か

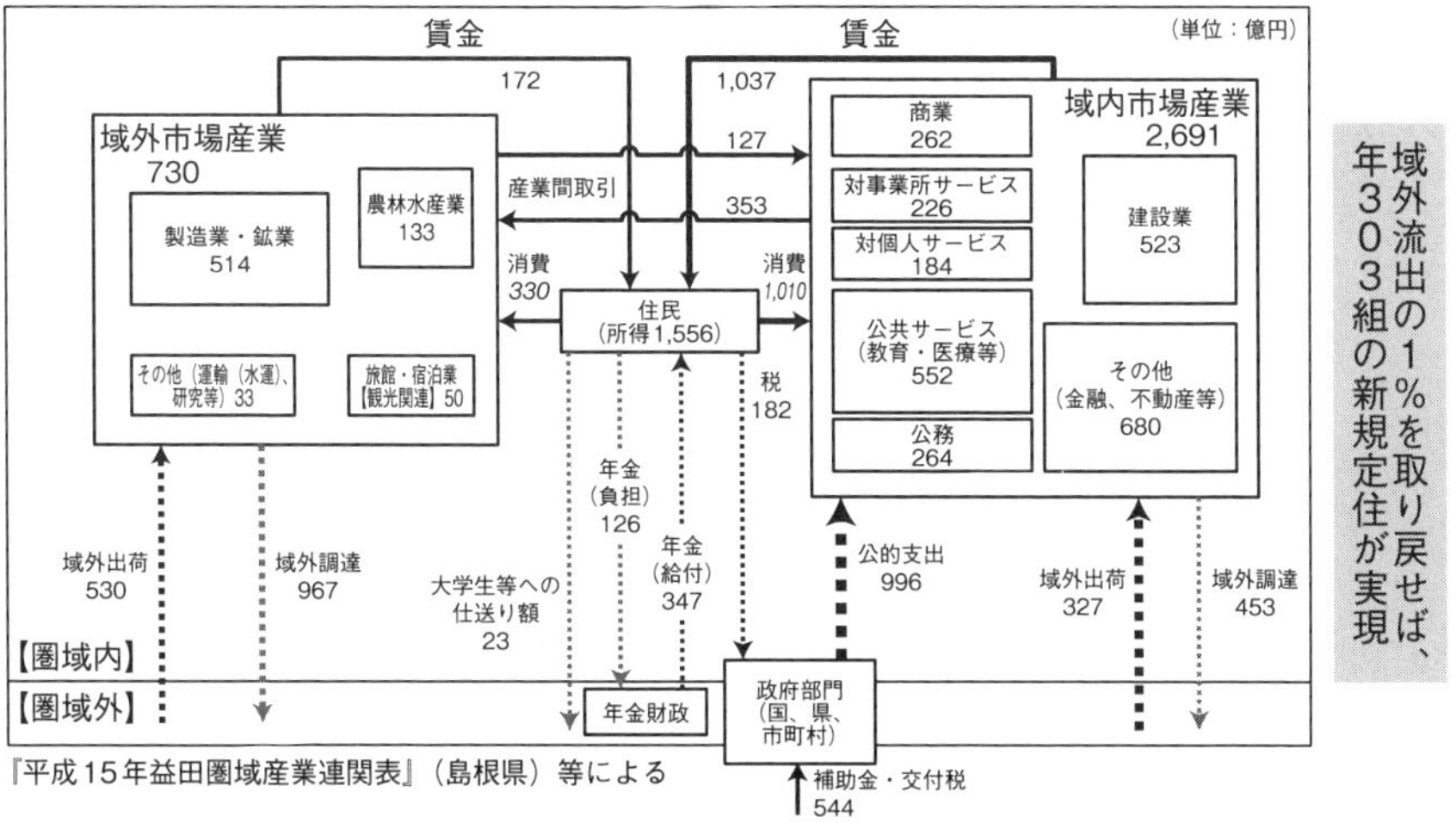

『平成15年益田圏域産業連関表』（島根県）等による

必要額9億円（新規定住303組×300万円）
1,420億円×1％＝14億円
14億円×0.65（所得転換割合）＝9億円！！

図21　人口7万人の高津川流域の経済循環。域外調達は1420億円にものぼり、住民の所得額1556億円にほぼ匹敵（2003年）

ら導かれるマネーフローを見ると、企業や行政も含めて、驚くべきことに1420億円ものモノやサービスが域外から調達されています（図21）。住民一人当たり200万円です。ところがこの地域の住民の総年間所得額は1556億円。ほぼ住民の総年間所得額に匹敵する額が域外に流出しているのです。多くの中山間地域はこれと同じような状況にあります。これでは、少々特産品で外貨を稼いでも、穴の開いたバケツで水を汲むようなもので、住民の所得は増えていきません。もちろん外貨を獲得することは否定しません。企業を誘致してくるのもけっこうです。しかしこういうダダ漏れの経済構造をそのままにして、いくら外貨を稼いでも、どんどん域外に流出してしまうのです。

域外からの購入の1％を取り戻すだけで

逆に言えば、現在、域外から購入している金額の1％を毎年取り戻すだけで、14億円になります。仮にそのうち3分の2程度が所得に変わったとすると9億円です。1世帯300万円とすれば新規定住者303組にあたる9億円にもなります。ここに「青い鳥」がいると思います。

今、イギリスの地域経済学では、「地域内乗数効果」が注目されています。同じ金額を地域外で獲得した場合、地域内で回す率・回数が変われば大きなちがいとなってきます。島根県西部の地場スーパー・キヌヤ（20店舗、年商120億円）では、5年前は全売上高に占める地元産品の割合は8・4％しかありませんでした。これでは当然、人口は減ります。一番よく買い物に行くスーパーで、地元のものを1割も売っていなかったのです。9割以上が地域外に出て行っていた。しかしその後、キヌヤさんは野菜などの生鮮食料品を中心に毎年1％ずつの地産地消の取り組みを精力的に進め、いまは14・5％、金額ベースでは約7億円へと伸ばしています（図22）。おいしい、新鮮な生鮮食料品だけでなく、加工品も地産地消を進めていて、まさに毎年1％を着実に取り返すお手本と言えるでしょう。生鮮食品だけだとすでに2割を超えました。こういったことをやるかやらないかなのです。

それから学校の学習机も、なぜ全国同じメーカーのものでなければいけないのか。豊かな森林を抱える中山間地域であれば、まずは学校の学習机くらい、メーカー製ではなく、地場産にしていってはどうでしょうか。どこへ行っても椅子や机が同じメーカー製という国というのは、少し悲しい。高知県の土佐清水市では、400組の中学生の机・椅子を市内調達に変えました。これだけで1162万円です。

わが家も風呂とストーブは薪ですし、太陽光発電をやっています。集落の用水路では小水力発電の可能性もあり、これができればあとは万全です。こういう可

図22　地場スーパー・キヌヤの地産地消コーナー「地のもんひろば」

図23　イタリア山村の豊かな生業

能性をもっているのが中山間地域ですし、実際にそれをやっているのがイタリアの山村です（図23）。4年前に行きましたが、パスタからチーズ、薪、木製の建具まで、徹底して地元の衣食住を地元の職人さんがつくっていました。だから、そこに人が住む必然性も生まれます。これが守りに終わらず、村ごとに異なる固有の文化となっているので、観光資源にもなり、立派な攻めの手段にもなっていました。

半農半X・ヤマタノオロチ型事業体の合わせ技で「1・0人役」

実際に定住を進めるには、小さなものをつないで仕事をつくっていかなければなりません。これまで述べてきたように、トータルでは1％ずつでよいのですが、中山間地域の宿命であり特性は「小規模・分散」です。農地も小さいし、集落も小さい。集落ごと、分野ごとでは0・2人とか0・3人分ずつくらいしか仕事が増えていきません。定住する人は「今年は0・3人分でやって」と言われても困る。逆に各専門分野で「規模の経済」による一人勝ちを追及するようなやり方では、定住する人の仕事は生まれません。そうでは

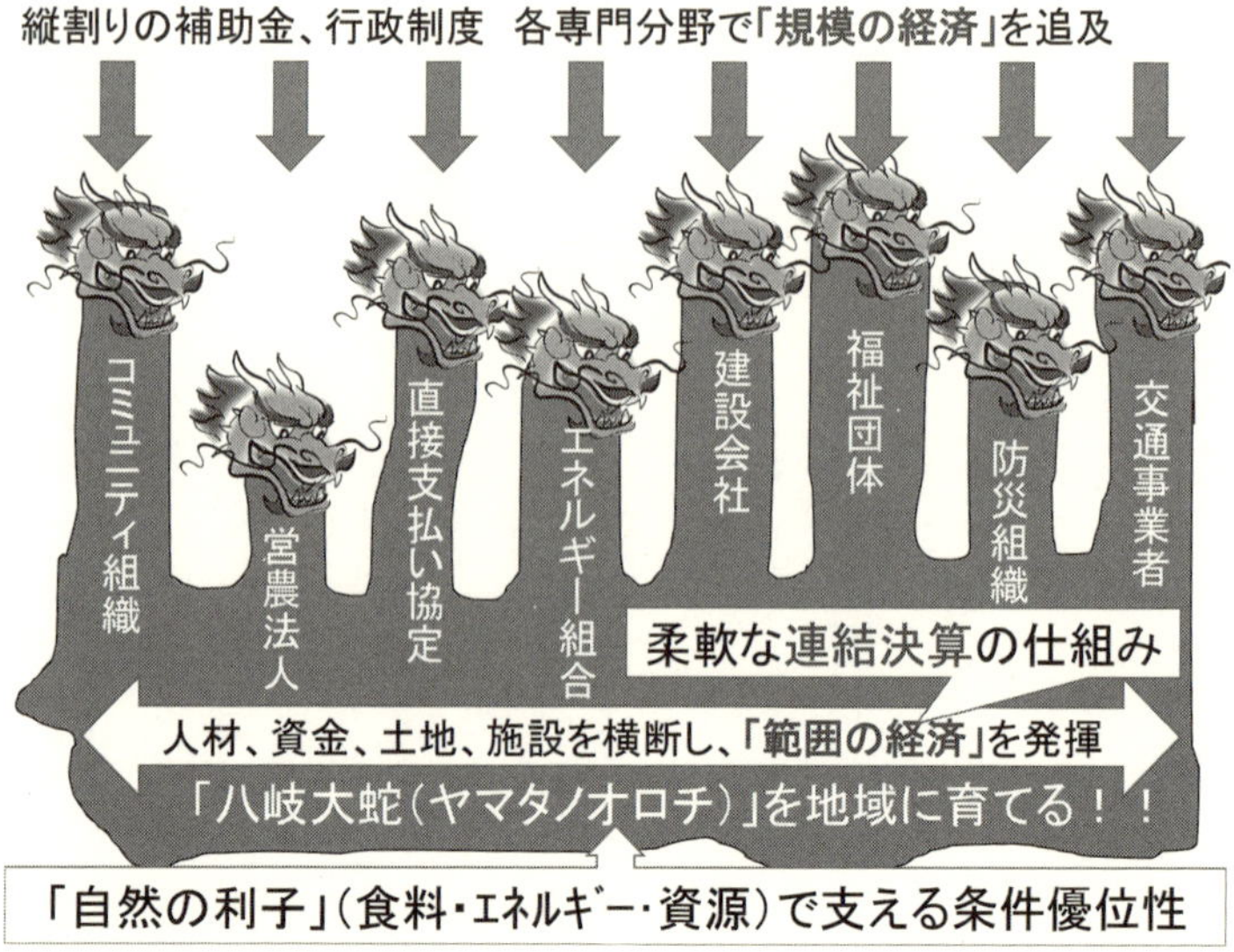

図24　縦割りで分散していたものを横つなぎにし、定住の力に変える
ヤマタノオロチ型事業体

なくて0・2人、0・3人、0・5人分の仕事をうまくつなげて1人分とするような「小規模・分散型」の仕事を毎年つくっていく発想が必要なのだと思います。

ちょうど出雲神話の八岐大蛇のように、それまで縦割りで分散していたものをうまく横つなぎにして定住の力に変えていく、「集落営農」「集落営林」「集落福祉」「集落土木」などのようなヤマタノオロチ型事業体の装置が必要です（図24）。

たとえば、出雲市佐田町には集落営農の「有限会社・グリーンワーク」があります。基本は農業法人ですが、農業だけでなく、高齢者等外出支援サービスなどの福祉事業や体験交流などの観光業もやって非常に地域の方に喜ばれています（図25）。それと同時に、島根では農業だけだと冬場は仕事がなくなって困ります。0・6人とか0・7人分にしかならない。あとの仕事をどうするかというときに、年間通じて仕事をつないでいけば、1・0人の周年雇用になります。こういうことを地域ぐるみでやっていくことが肝心です。また島根県は「半農半X」にも本格的にチャレンジしており、就農前研修経費助成や定住定着助成事業などさまざまな助成制度も用意しています。半農半看護、

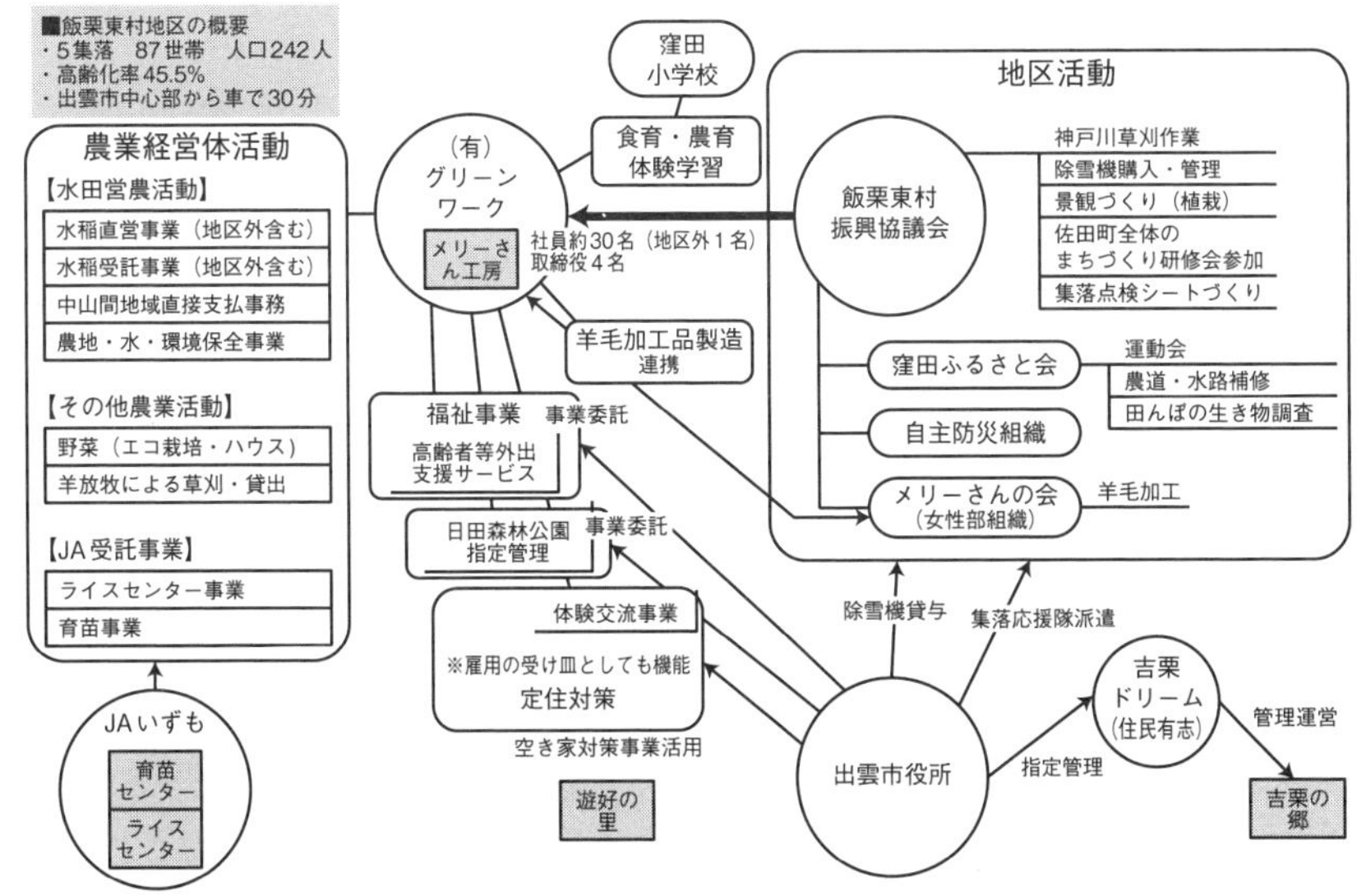

図25　㈲グリーンワークの事業展開と飯栗東村振興協議会との連携
（中山間地域研究センター・地域研究スタッフ作成）

半農半介護、半農半保育、半農半蔵人などで、0・5人と0・5人分を合わせて1・0人分にする。そういう働き方、稼ぎ方の面からも、田園回帰を支援しようとしています。

Ⅵ 田園回帰を受けとめるコミュニティ
——田園回帰の地域社会論

地域自治組織を中心に、地域の自己設計、自己運営を

では、そういう定住を受け入れるコミュニティ、地域社会、さらに行政はどうあるべきか？　これも実際には合わせ技になると思います。もちろんそこには魅力的な自然、文化、あるいはいい家、いい仕事があるかもしれない。これが全部合わさって、定住は実現するのだと思います。とくにコミュニティは「ここで一緒に暮らそうよ」と、あきらめていないということが定住の出発点だと思います。そのときに、まだまだよく見られるように、コミュニティも、事業組織も、行

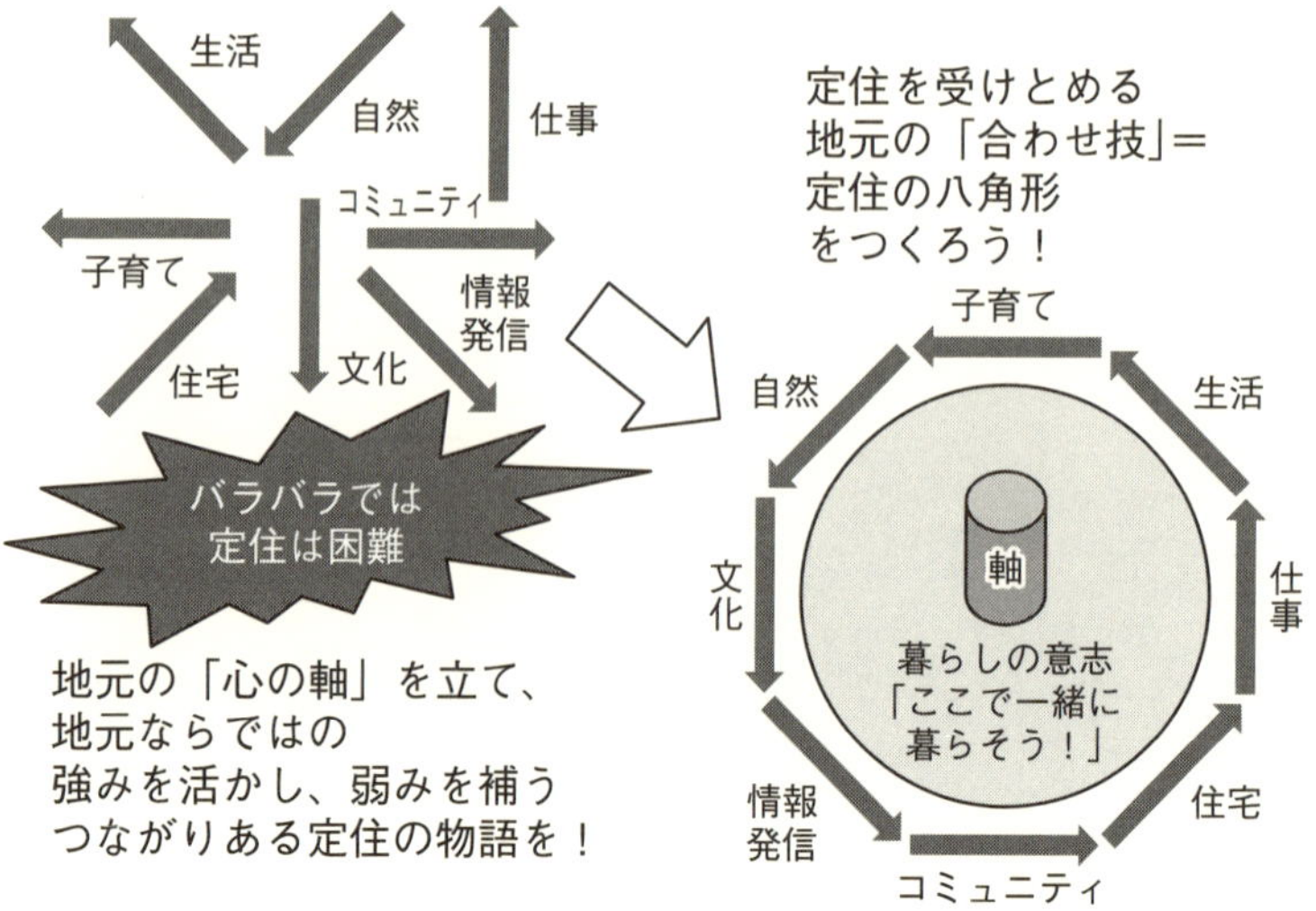

図26　定住を受け止める分野の中、分野横断型の定住の八角形

政もバラバラ型では、定住を受け止める力こぶができません。それを、それぞれの分野の中、あるいは分野横断型の、図26の八角形のような新しい地域社会の運営の仕方が必要です。

そのひとつの例として、中国地方が先行し、全国に広がっている図27のような新しい地域自治組織がありますが、そのような仕組みを住民と行政でつくっていかなくてはいけません。いままでの縦割りでは、地区ごとに異なる定住の土俵を、地域の特性を生かして自分たちで設計運営することが困難でした。縦割り行政の箇所付けの優先順位と、地区でやりたいことの優先順位とはなかなか一致しません。むしろここで地域自治組織を中心に、自分たちで設計運営していく仕組みをつくって、それを行政として縦割りを排して応援する体制を整えるべきだと思います。

実際には縦割りの弊害はものすごいものがあります。いま私たちは地元益田市各地区の「棚卸」をしていますが、行政の縦割りごとの会計処理やそれに関する会議、申請・報告に追われてばかりで1年が終わってしまうというのです（図28）。これでは定住に向けた勝負ができない。これを横つなぎでギュッとまと

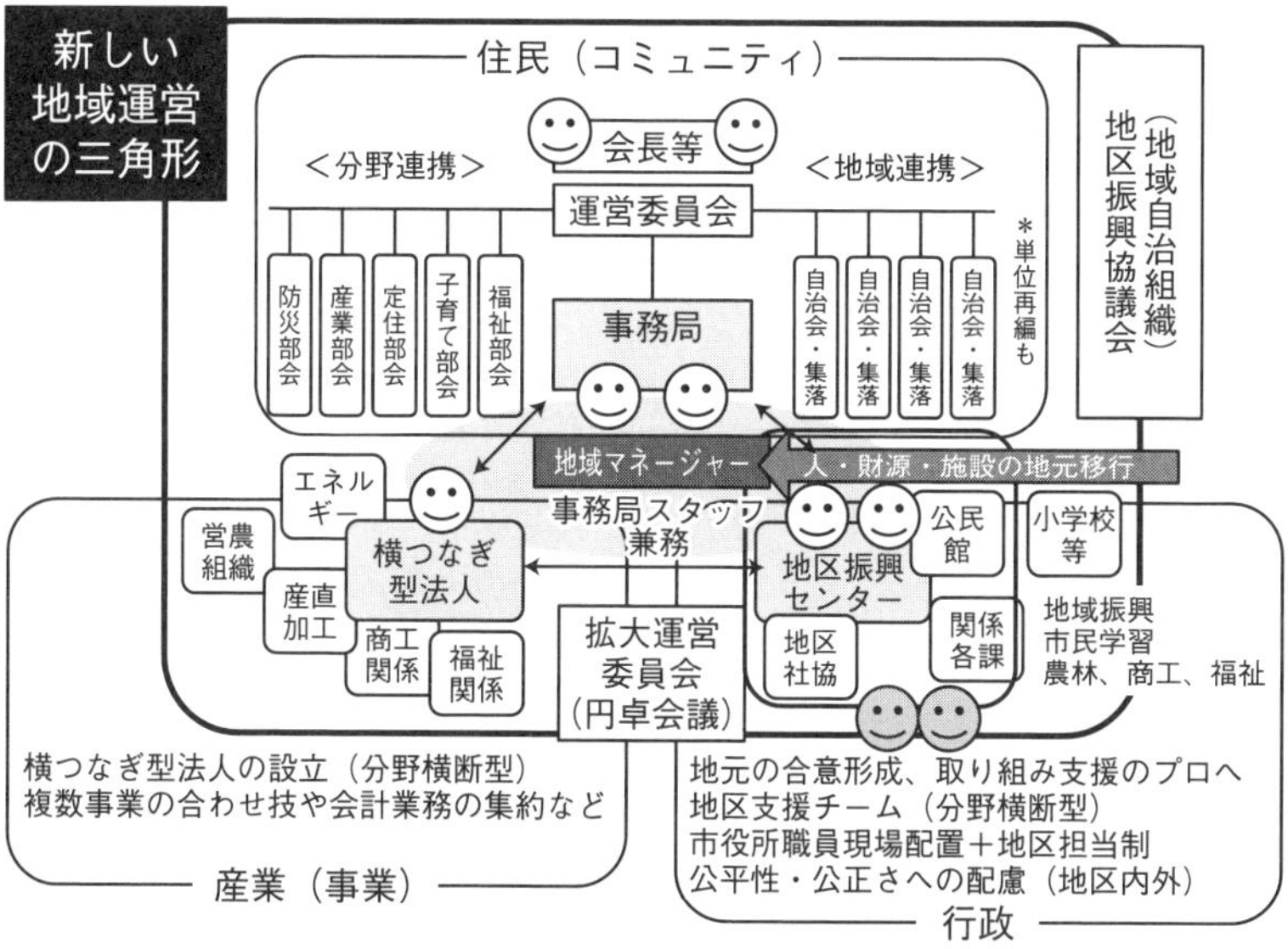

図27　中国地方から全国に広がる新しい地域自治組織

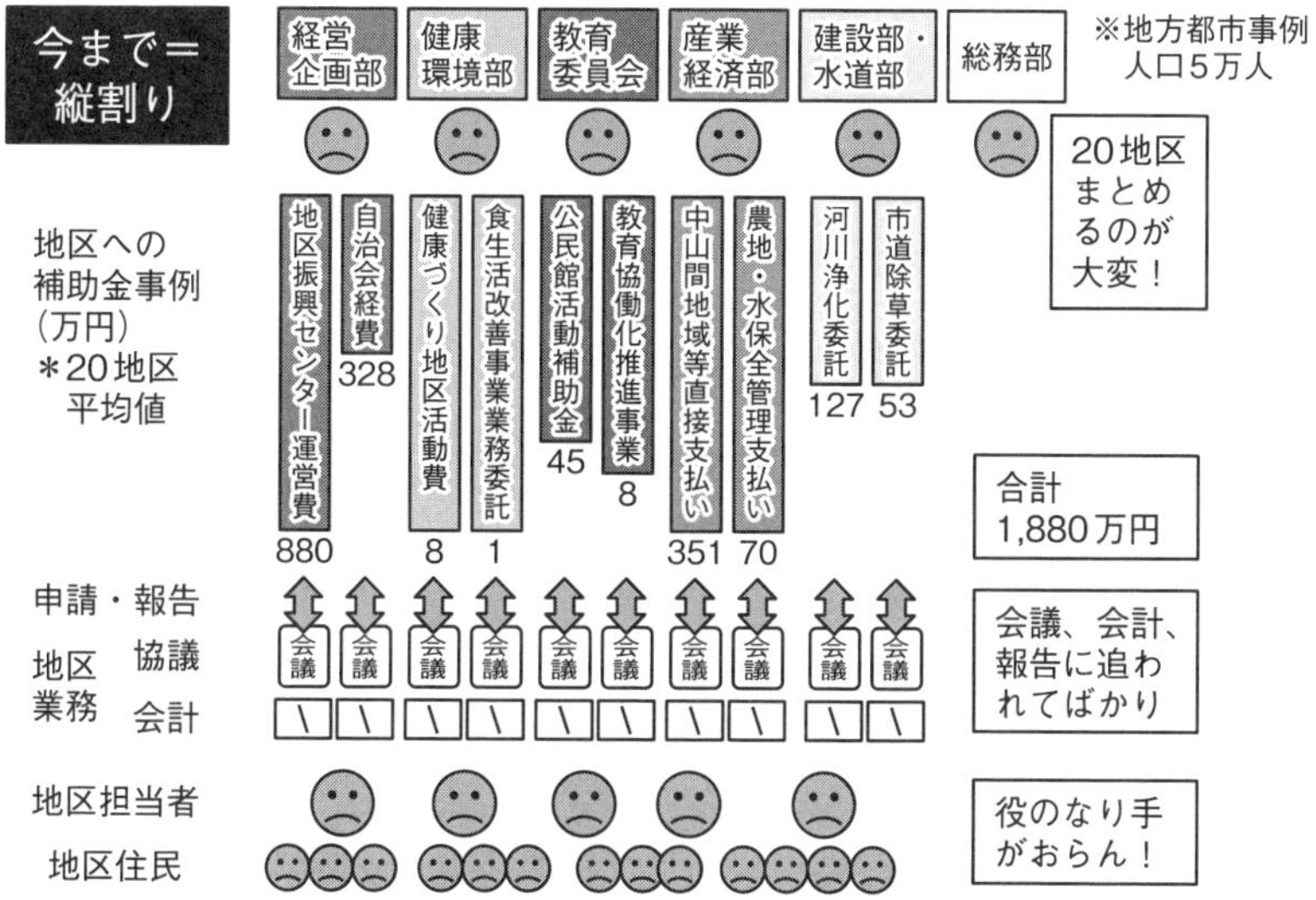

図28　これまでの縦割りでは資金も会計もバラバラ

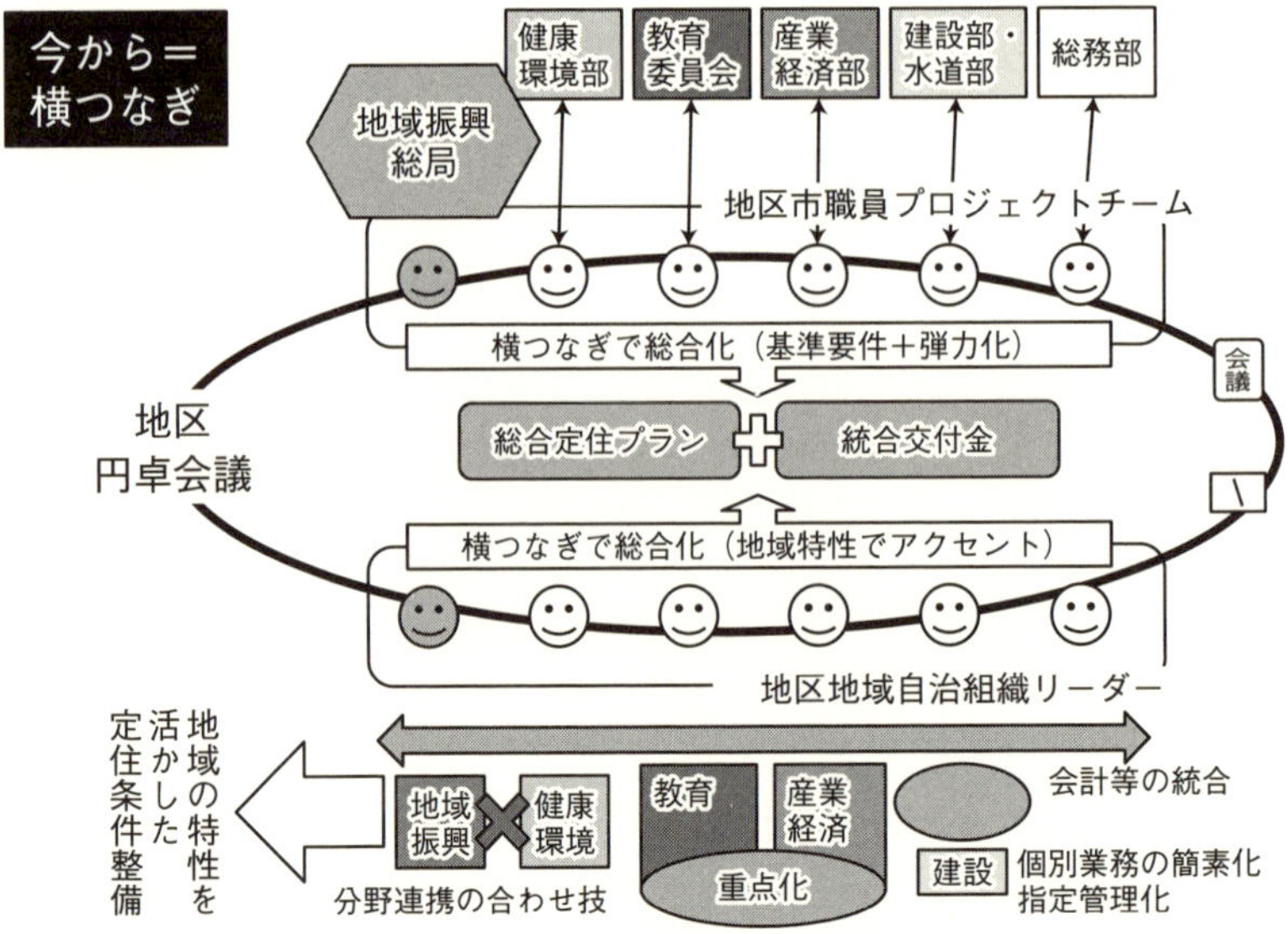

図29　これからは横つなぎでまとめて総合化

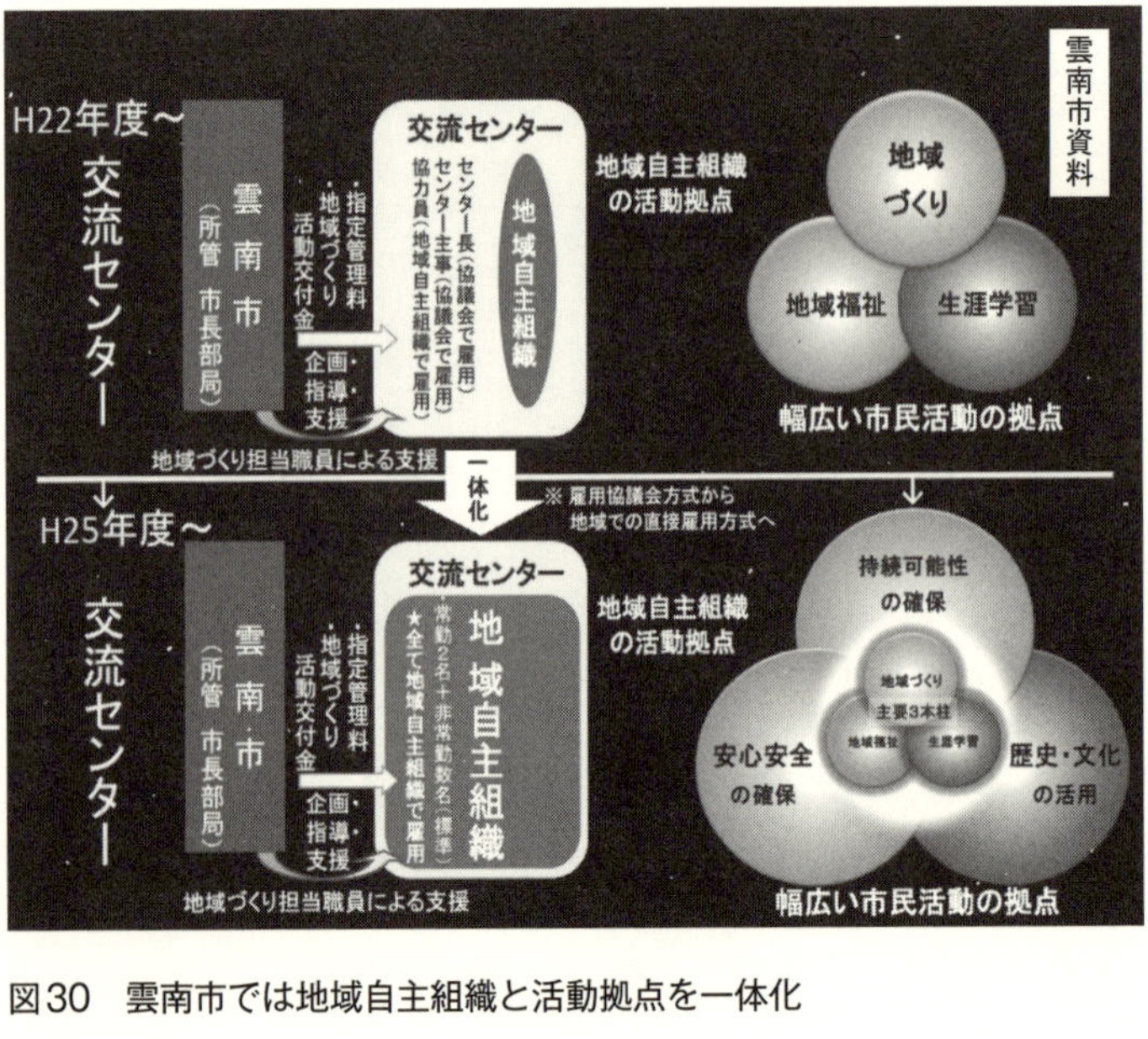

図30　雲南市では地域自主組織と活動拠点を一体化

図31　雲南市の水道検針と見守りの合わせ技＝「安心生活見守り事業」
(雲南市資料)

図32　地元の人が元気になる「地元学」。禁句は「ここには何もない」

め、総合化したら、1地区2000万円近くと、お金の面でもかなりの金額になります（図29）。

住民と行政との決め方も縦割りではなく、雲南市で提唱されているような円卓会議方式でやっていくことが原則だと思います。雲南市では、交流センターを地域自主組織に指定管理し、地域づくりも福祉も生涯学習も一緒にやっていく体制を整えています（図30）。そういうなかで水道検針と見守りを合わせてやるような、面白い気の利いた合わせ技＝「安心生活見守り事業」などがつぎつぎに現れてきています（図31）。益田市中西地区では、商店がなくなったからといって、個別に解決するのではなく、買い物やサロン、健康増進、児童クラブを一緒にした「いきいき市」をやっています。こういった合わせ技の解決が求められているのだと思います。

地元学で「あるもの探し」

地域の住民みんなが「ここには何もない」という意識を持っている限り、人びとは回帰してきません。「あるもの探し」の地元学が必要です（図32）。さまざまな人や農家の暮らしを見つめ直し、そこに子どもたちも参加する。だんだんと地域の人たちが「たしかにここにはこういうものがある」と気づいてきます。このあたりから手間とひまをかけなければなりません。

浜田市弥栄自治区で行なった地元学では、ある高齢の女性が１１６種類もの野菜、草花、樹木を育てていることがわかりました（図33）。しかしあまりに多品種少量生産なので、これまでは出荷できなかった。そこで住民の４割以上が独居高齢者で買い物困難者となっている浜田市緑ヶ丘団地に持って行く「軽トラ市」がスタートしました（図34）。団地からは子どもたちが弥栄地区に遊びに来る。いざというときのために、緑ヶ丘団地内に弥栄の米と水と薪を蓄える防災ステーションもつくるというふうにつながりを発展させました。このような輪を田園回帰の動きの中で広げていったらどうでしょうか。

図33　1人で116種類もの野菜、草花、樹木を育てる女性

図34　大好評の「軽トラ　おいしい弥栄市」

田舎ツーリズム＆定住案内「ええとこ歩き」

さきほど年１％ずつ人口を取り戻すと述べましたが、誰でもいいから来てほしいというわけではありません。「誰でもいいから私と結婚してください」とは言わないでしょう。弥栄自治区では、２０１１年に「郷の案内やさか暮らし１日体験」という田舎ツーリズムを試験的に始め、全国11都府県から39名が参加し、２０１２年からは集落住民がみずから案内役となって「ええとこ歩き」として定例化し、６つの集落、7コースをガイドしています（図35）。

その結果、一昨年の8月にええとこ歩きに参加した子連れ夫婦1組が弥栄に定住しました。年1％でいいわけですから、その1組をていねいに受け入れることが大切です。そういう入り方をした新しい家族は、地元の村の人とのつながりという点で、いきなり山の麓から頂上まで登るのではなく、5合目あたりからともに登っているような感じではないかと思います。集落の人が積極的に自分たちで集落を案内する取り組みがもっと増えてもよいのではないかと思います。

このような、人とつながる暮らしにあこがれて若者が移住してくる例は、２０１１年以降相次いでいます。そういう若者に対する、ていねいな迎え方が必要なのではないかと思います。そして、島根の中山間地域のベテランの住民、とくに昭和ひとけたの方は、やはりラスト１周にかかっています。しかしそのラスト１周を、次世代の最初の１周と少しでも重ね合わせたい。切にそのように願っていますし、いまならそれが

図35　田舎ツーリズム「郷の案内やさか暮らし１日体験」

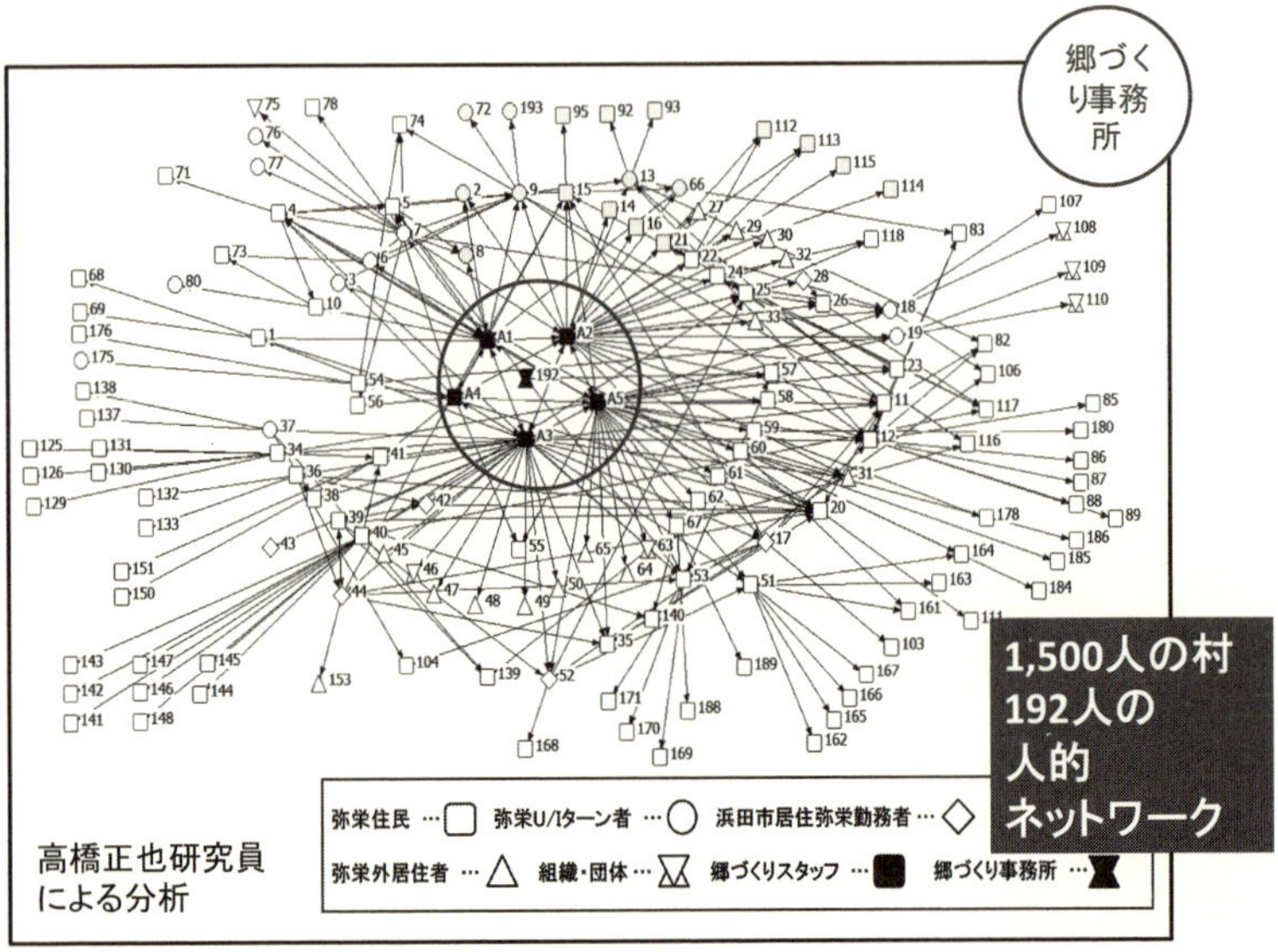

図36　地元のつながりの中への定住――5人の移住者を200人が取り巻く

できる。あせる必要はないのですが、そういう意味では急ぎたいと思います。

選ばない地域は選ばれない

図36は、中山間地域研究センターの高橋正也研究員が、人口1500人の弥栄地区で長い人で5年、短い人では1年という時間をかけて調べた移住者と地元の人とのつながりです。たんにその人を知っているというだけではなく、何かを一緒にしたことがある、あるいは何かをするときに相談できるという関係を示したものです。これが田舎のすごいところだと思います。面倒臭いものではあるが、すばらしい。こういう関係の中に根づいていくのが理想的な定住のあり方だと思います。そしてこれからの定住のあり方も、たんに仕事として農業ができるということだけではなく、「こんな暮らしができるんだよ」と定住の狼煙をあげて、家族ぐるみ、地域ぐるみでていねいに受け入れ、一緒に暮らし、一緒にそこに階段をつくっていくことが肝心だと思います。「誰でもいいから」では誰も来ません。選ばない地域は選ばれません。こんな人に来てほしいとみんなで考えないといけません。

事業ごとに区切られた経営状態
→車両の共有といった複合化は旅客内・貨物内でも行われていない

人口3000人の自治区における交通の主体・車両・人材の概要

旅・貨	事業名簿	運営主体		運行主体	車両数・車両規模	運転人員（配達人員）
旅	市営バス	市	支所自治振興課	有限会社	1台 29	1人
旅	スクールバス	市	教育委員会分室	有限会社	1台 60	1人
貨	学校給食配送	市	教育委員会分室	有限会社	1台	1人
旅	デマンドバス	市	定住対策課	有限会社	1台 10	1人
旅	移送サービス	市	支所市民福祉課	社会福祉協議会	1台 4	1人
旅	路線バス	（株）I交通			3台～ 50 50 50 ～	3人～ ×3～
旅	患者送迎タクシー	S医院			1台 10	1人
旅	通所デイ送迎	（福）福祉会			5台 9 ×2 8 5 3	5人～ ×5～
旅	通所リハ送迎	（福）福祉会			8台 11 10 ×2 5 4 ×4	8人～ ×8～
貨	郵便配達／集荷	日本郵便			5台 ×5（ ×4 + ）	5人 ×5
貨	宅配便	運輸（株）			1台	1人
貨	直売所集荷便	JA			1台	1人
貨	新聞配達	M新聞販売店ほか			計7台 ×7	（15人） ×15（徒歩有）
貨	移動販売	O商店			1台	1人
貨	生協	生活協同組合			1台	1人
貨	卸売共同配送	有限会社			1台	1人

車内の数字は乗車定員を示す

専任型運転手
兼任型運転手

※専任型運転手は当該運転及びそれに伴う業務を専ら行う者、兼任型運転手は他業務との兼任などにより当該運転のみを主たる業務としない者を指す。

図37　交通機関の棚卸でわかった分野軸にみる縦割り
（図39とも、島根県立大学連携大学院生・上野晃氏との共同研究）

イギリスの田園回帰の先駆けとして、19世紀末に手づくりのよさや美しさを見直す「アーツ&クラフト運動」がありました。日本の民芸運動にもつながりました。私が危惧しているのは、今のまま日本社会が進むと、それぞれの記憶が断ち切られるのではないかということです。孤独死などはその最たるものですが、私はいまの集落に住んでいて、「あのおじいちゃんはこういうことをした」「あのおばあちゃんはいつもこういうことをやっていた」という記憶がつながっていく社会で私たちは生きて、育って、老いて、死ぬ。死んでも記憶が共有される。そういう地域社会を守り、つなげていかなくてはいけないのではないかと思います。

Ⅶ　分散型社会を支える拠点・ネットワーク
——田園回帰の地域構造論

新たな複合機能拠点「郷の駅」

最後になりますが、「拠点」についてふれておきた

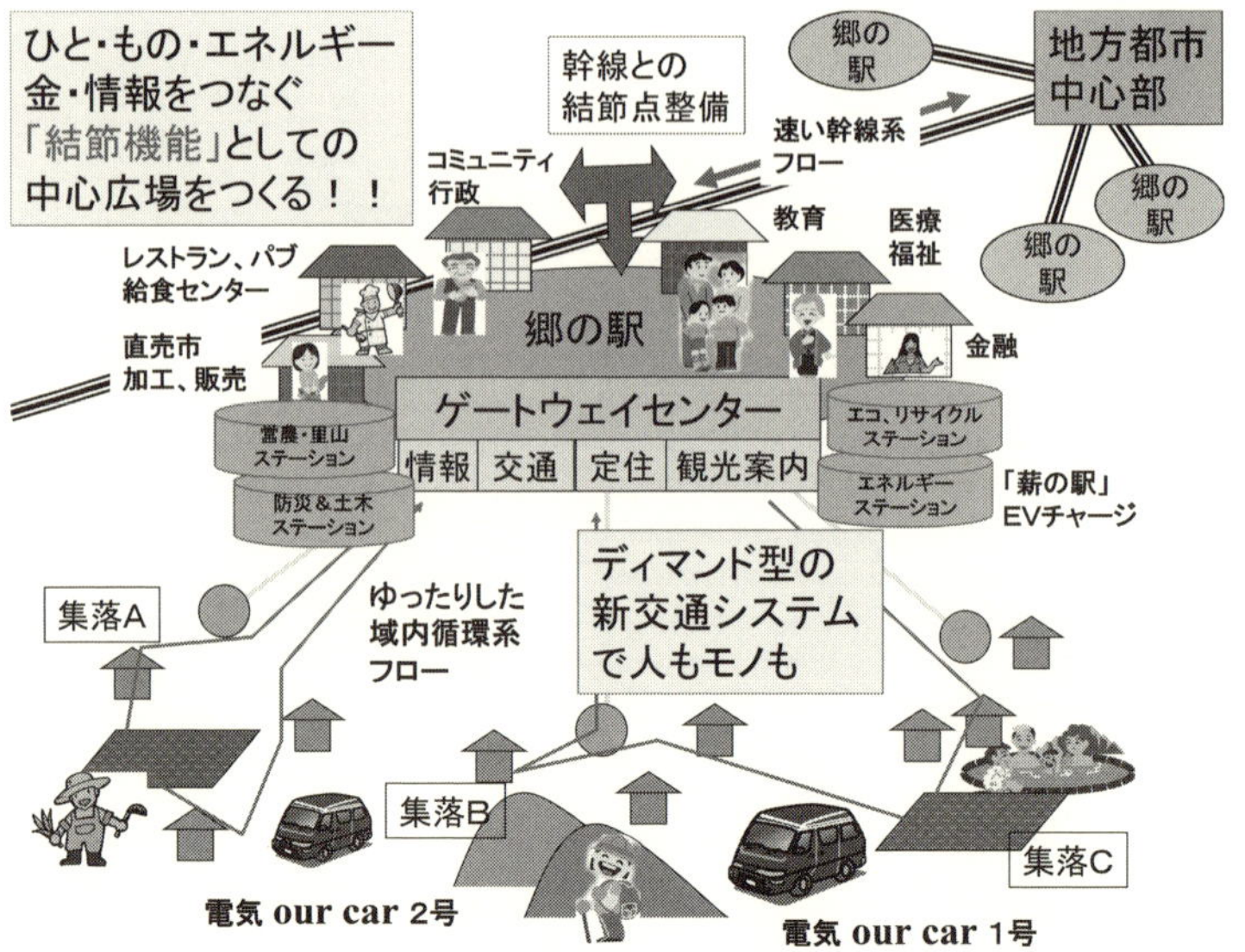

図38　基礎的な生活圏に、地域社会のハブ的な結節機能をになう中心広場空間「郷の駅」

いと思います。人口や居住がこれほど分散化して、地域は維持できるのかということです。日本の過疎地の人口密度は、２００５年のデータで52人／㎢ですが、世界の平均人口密度は47人です。日本の過疎はとんでもなく進んでいるのではありません。今までは人口がある程度密だったのに、急にまばらになったために社会の仕組みがそれに対応できていないのが日本の過疎地の問題だと私は見ています。住居は分散していてもよいのですが、これまで50年間の縦割り行政の中で拠点があちこちに分散してつくられてきたために、住居と拠点、拠点どうしの距離が離れていることが問題なのです。それだけでも非効率だし、それをバス路線でつなぐのも大変です。私の大学院生に、人口３０００人の地域でいろいろな人や物を運ぶ交通機関の棚卸をやってもらいました。金も管轄も車両も運転手もぜんぶ驚くべき縦割りでした（図37）。これでは成り立たない。マネジメントもおかしい。運行時間を見てみると、すき間だらけです。

　そこで私は５、６年前から、定住を受けとめる土俵となる小学校区程度（人口３００～３０００人程度）の基礎的な生活圏に、地域社会のハブ的な結節機能を

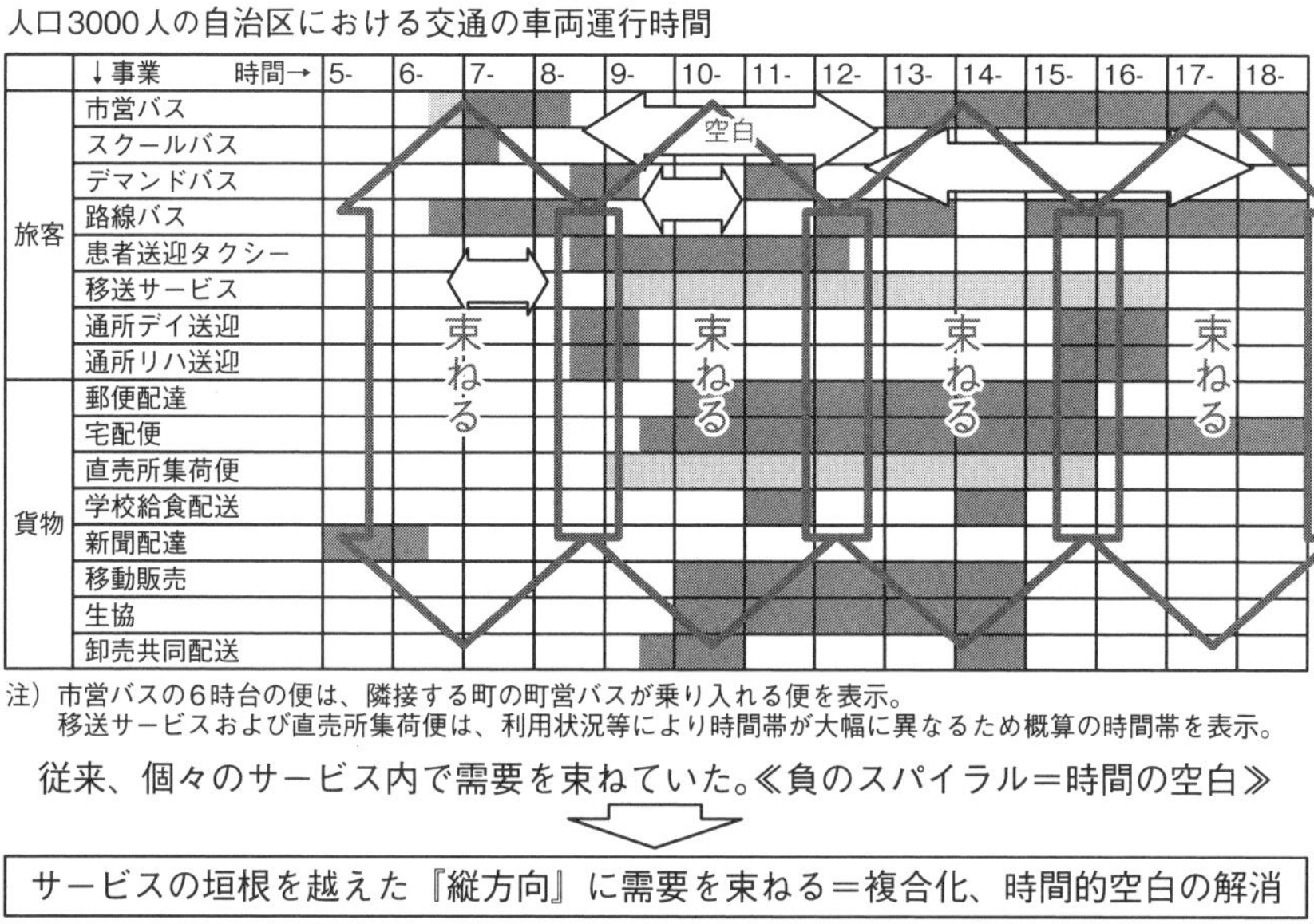

5- 6- 7- 8- 9- 10- 11- 12- 13- 14- 15- 16- 17- 18-

注）市営バスの6時台の便は、隣接する町の町営バスが乗り入れる便を表示。
移送サービスおよび直売所集荷便は、利用状況等により時間帯が大幅に異なるため概算の時間帯を表示。
従来、個々のサービス内で需要を束ねていた。≪負のスパイラル＝時間の空白≫
サービスの垣根を越えた『縦方向』に需要を束ねる＝複合化、時間的空白の解消

図39　時間軸にみる交通の縦割り

になう中心広場空間「郷《さと》の駅」を整備することを全国的に提案しています（図38）。人も物も一緒に運べばいいのです。1km先のおばあちゃんに新聞1部だけ配達に行くから成り立たない。帰りはついでにおばあちゃんの農産物を持って帰ればいい（図39）。そうすれば、一石二鳥、三鳥が成り立つはずです。そういうこれからの賢い拠点ネット構想が必要だと考えています。

集落を守る「小さな拠点」

すでにいろいろな事例もありますが、国土交通省の国土政策局を中心に3月に発表された「国土のグランドデザイン」では、集落地域を守るために――絶対まちがえてはならないのは集落をなくすためにではなく、守るために、ですが――いまの分散型居住のままでも生きられるように、1次的な生活空間の近くに多機能な合わせ技の「小さな拠点」をつくろうという構想が盛り込まれました（図40）。国の政策で「小さな」という言葉が使われたのは初めてだと思います。「小さいからこそ」の合わせ技ができるのです。大きなものだと専門的な機能のものしかつくれない。逆に小さいことの可能性を提示したものとして、非常に大きな

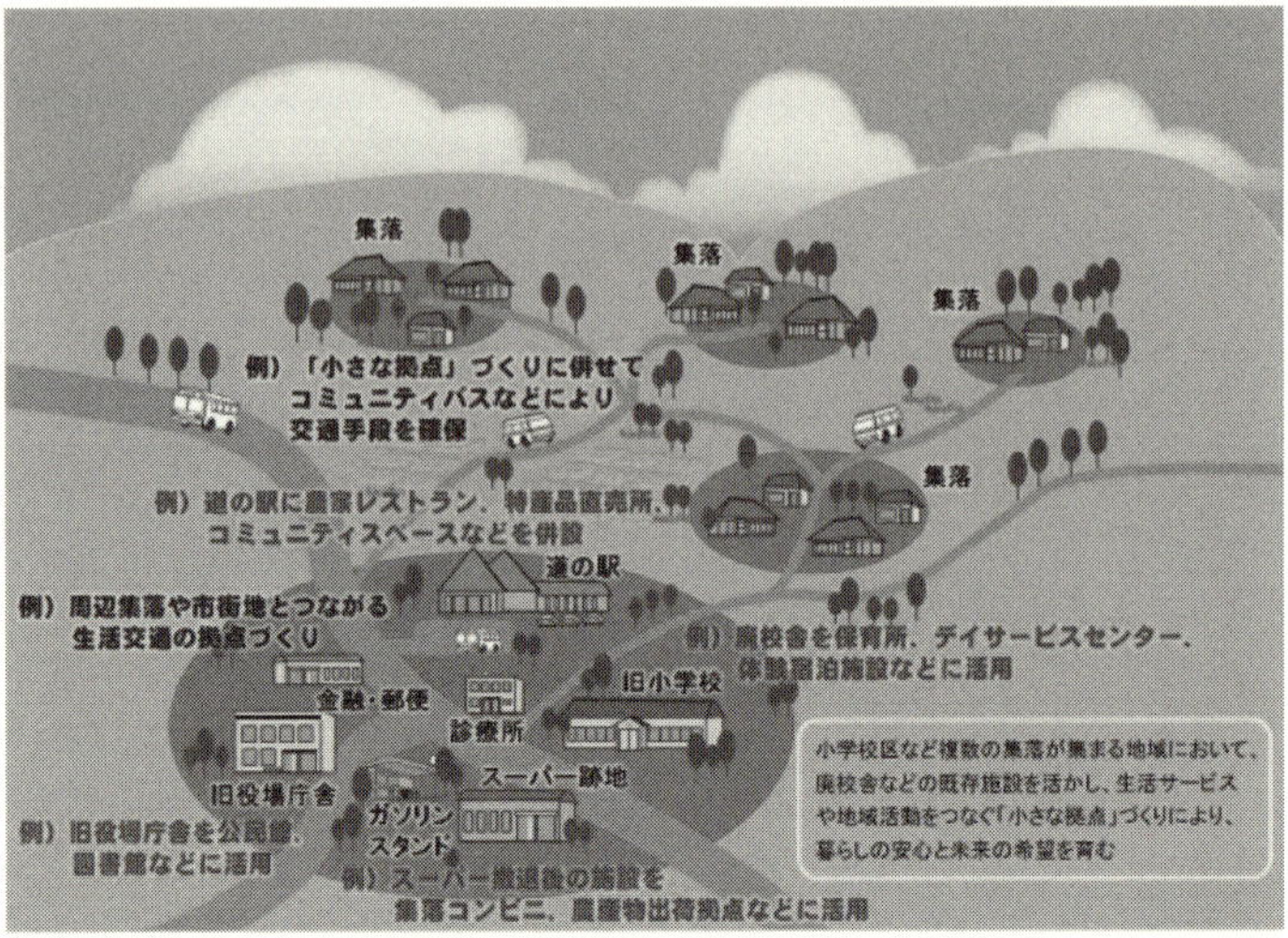

図40 「国土のグランドデザイン」にも集落地域を支える新たな複合機能拠点として「小さな拠点」構想が登場

影響力をもっていると思います。

さきほどベトナムの例で見たように、みんなでマイカーを乗り回したのでは将来的に地球はもちませんから、アジア諸国も含めて新しい仕組みに組み替えていかなくてはいけない。小さな拠点にはそういう可能性もあります。中国地方では、いちばん端っこの、じつは力を蓄えているところを「郷の駅」で束ねて、そこから次の2次拠点、3次拠点を組み上げていく、こうした現場に根差した拠点とネットワークをどう提示していくかが求められています。

Ⅷ 田園回帰の政策提言
——都市との共生、そして世界へ

定住の基本単位としての定住自治区を

田園回帰の現状、これまでとは何が違うのかということについて申し上げてきました。新しい定住の仕組みをつくるためには、行政が上から「こうすべき」と言うのではなく、住民が自分たちで決めて設計してい

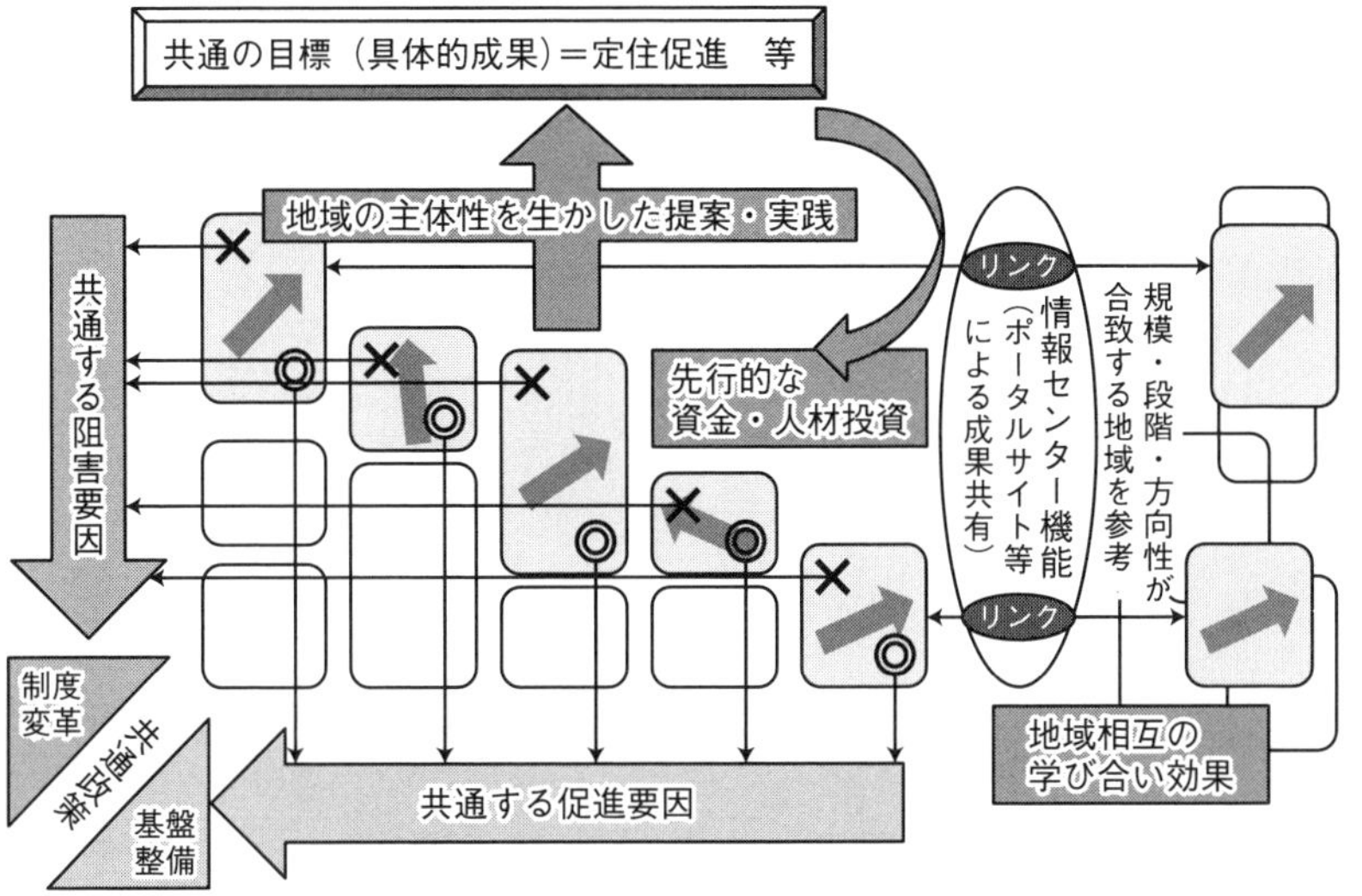

図41　定住を支える地域現場からのボトムアップ型政策形成
→マス・ローカリズム

くことができる「自己決定権」のある仕組み、いわば定住自治区のような制度をもう一度復活させていく、また新たにつくっていく必要があるのではないかと思います。そこでの地域政策の真価は、上からではなく、同時多発的に地域の中から変えていく、そこに都市との共生も組み込むことにあります。

しかし、今、その役割を担う「田舎のプロ」を育てる教育機関はありません。公務員や地域マネージャーを養成する連合大学院を各地方ブロック単位でつくっていく必要性があるのではないかと思います。日本の人材育成だけではなく、このままいけばクラッシュするかもしれないアジア・アフリカ諸国でも役立つインターローカルな人材を育成するくらいの気概をもって取り組む必要性もあるのではないかと思っています。

新たな地域政策手法「マス・ローカリズム」

今までの最大の問題である縦割りと大規模志向を根本的に見直さない限り、田園回帰、あるいは地元のつくり直しはありえないと思います。そのためにどうするか。どこかにトップモデルがあって、みんながそれを目指して走り出すというのはもう古臭い。さまざまな田園回帰のチャレンジを同時多発的に各地で始めていく。そうすることによって、おのずと各地に共通する役立つ要因、共通する阻害要因が見出されるはずなので、それを国レベルの政策にしていく。そうした今までとは真逆の政策形成過程が必要になってくるのではないでしょうか。そうした地域の主体性・個性にもとづいたボトムアップ的な地域政策手法は今、イギリスで「マス・ローカリズム」と呼ばれていますが、こうした取り組みのエッセンスを人びとや地域、市町村、研究者レベルのネットワークで共有していくことが求められていると思います（図41）。

私たちはたしかにきびしい状況にあると思います。このままでは地域の使い捨てになってしまいます。しかし同時にそれは、この半世紀先送りにしてきた矛盾を克服し、もう一度日々の暮らしの中で、あるいは地元の中でつくり直していくチャンスでもあると考えています。そしてそれは日本だけでなく、これまでの日本がたどったのと同じような都市集中をしようとしている国々にとっても貴重なチャレンジになりえると思っています。そうした価値観をぜひみなさんと共有し、無数の地元の取り組みの中から、「これだ」というものを共有し合えるよう、このシンポが役立つことを祈念しております。

ご清聴、ありがとうございました。

報告2

女性と子どもが輝く邑南町

——生産年齢人口増が邑南町を救う

島根県邑南町長　石橋良治

Ⅰ 邑南町はどんなまち？

どっこいどの集落も消滅しておりません

こんにちは。女性と子どもが増えている邑南町です。合併当時は「おおなんちょう」と読んでいただけず、日本経済新聞に「難読市町村名の西日本の大関」と書かれたこともありました。最近では、メディアでの紹介も増え、少しは知名度が上がってきたのではないかと思います。

町内にはもっとも高齢化率の高い川角《かいずみ》という集落があります。全員が65歳以上で10世帯、13人が住む高齢化率85・7%の集落です。じつはこの集落は、平成19（2007）年に当時の増田寛也総務大臣が訪れて、過疎法（過疎地域自立促進特別措置法）延長について視察された、いわゆる「限界集落」であります。どっこいこの集落は、現在は棚田に花桃を植栽し、「桃源郷の郷づくり」で頑張っております。平成25（2013）年度には県知事から「第21回しまね景観賞」大賞をいただきました。邑南町には平成16（2004）年の合併当時216の集落がありましたが、どの集落として消滅しておりません。その意味でも、ぜひ増田レポートには対抗していきたいと思っております。

邑南町の人口は、平成25年度にようやく社会増でプラス20人になりました。とくに女性は30～39歳の年齢で5年前と比べて7・5%増加しています。なおかつ30～34歳が11・2%増です。合計特殊出生率は2・65で、過去5年間の平均も2・2前後で全国平均を大幅

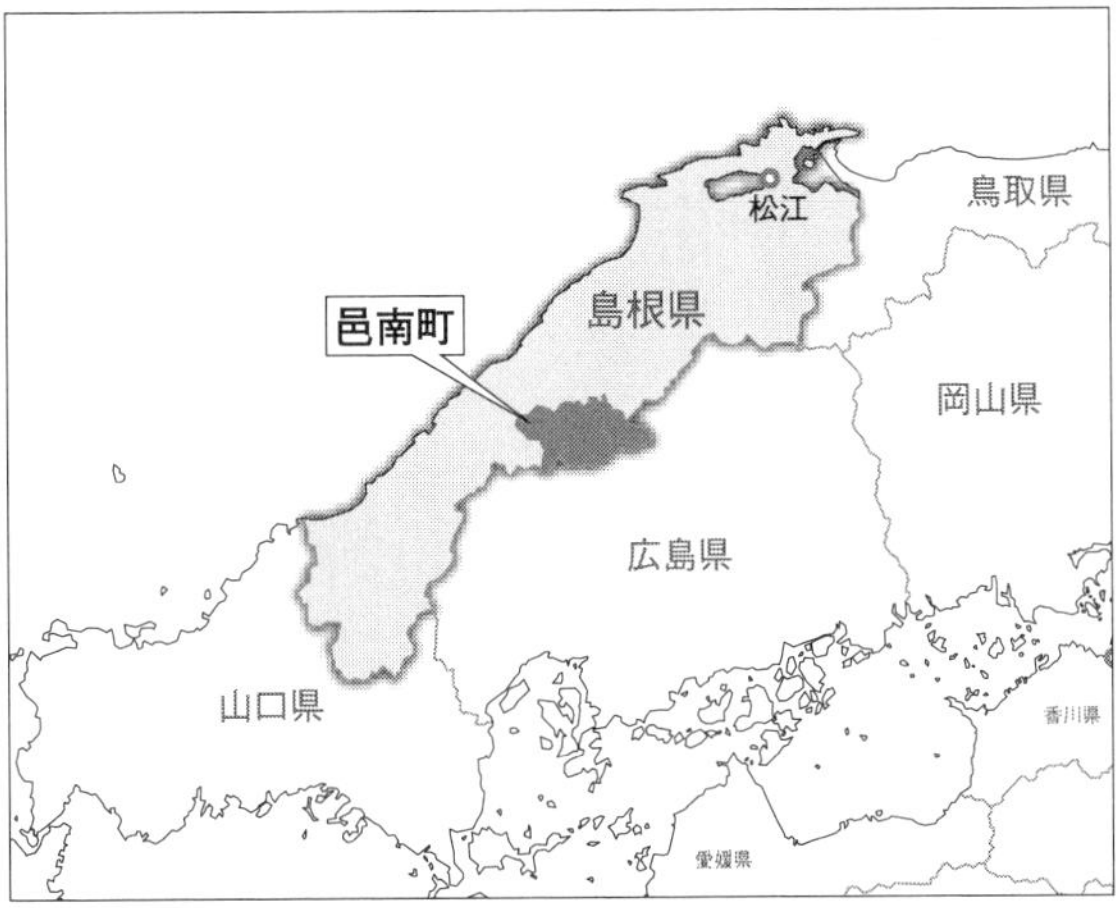

・**位置**は、**島根県の中央部**
・中山間地域に代表的な
盆地の多い地形
・**標高**は、**100m ～ 600m**
・**面積**は、**419.22㎢**のうち
86%が**山林**
・**人口**は、**11,560人**（6月2日現在）
男：5,455人
女：6,105人
世帯数：5,038世帯
高齢化率：41.5%

図１　島根県中央部の山間にある自然豊かな町

に超えています。人口維持に必要とされている２・07はははるかに超えております。

今日のテーマは「女性と子どもが輝く邑南町」です。なぜ「女性」と「子ども」なのかはのちほど申し上げたいと思っております。

標高差、気温差でおいしい農産物

邑南町は、東西２３０㎞ほどに広がる島根県の真ん中に位置する中山間地域です（図１）。広島空港からは１時間半で、高速道路も通っており、インターチェンジもあります。１００～６００ｍくらいの標高差がある盆地で、気温差が１日で10度前後あり、そのために農産物がたいへんおいしいところです。面積は４１９㎢で島根県11町村の中でもっとも広く、うち86％が森林です。人口は１万１５６０人（平成26〈２０１４〉年６月２日現在）で、人口密度は36人／㎢で、過疎地平均の52人／㎢よりもさらに低くなっています。世帯数は５０００ほどで、高齢化率41・５％（平成26年５月末現在）ですが、この高齢化率はもう頭打ちだと思います。

邑南町は平成16年10月に合併しました。石見町、瑞穂町、羽須美村が合併して誕生したのですが、今年で合併10周年を迎えるので、さだまさしさんに邑南町のイメージソングをつくっていただきました。

「田園回帰」の原風景と歴史と水と

町には「スイスのような風景」が広がっています（図2）。これは人間がつくりだした風景で、古代は森でした。中国山地は砂鉄が採れるので鉄穴《かんな》流《なが》しと呼ばれる砂鉄採取法がさかんに行なわれていて、「鉄穴残《かんなざん》丘《きゅう》」という小山が点在する独特な風景がつくられました。この風景が2年前にＮＨＫの「あさイチ」で紹介されたところ、有働由美子さんが「スイスのような風景」とおっしゃっていて嬉しかった覚えがあります。

邑南町は「田園回帰」の原風景と、久喜銀山跡があるように、鉄と銀が取れていた歴史ある町でもあります（図3）。「上流は下流を思い、下流は上流に感謝する」の「水源の里」の理念のもと、非常に水がきれいです。また１ｍを超えるようなオオサンショウウオがすんでいます。「瑞穂ハンザケ自然館」では、屋内展示水槽での飼育下産卵に国内初成功し、子どもが生まれました。邑南町のマスコットキャラクターの名前も町民全員の投票で、オオサンショウウオにちなんだ「オオナン・ショウ」が選ばれました。地元では口が半分くらい裂けているように見えるところから、「ハンザケ」と呼んでいます。ぜひ見に来てください。

「集え！　全国のシングルマザー」

私が定住政策を進めるうえで「シングルマザーもＩターンもウェルカム」と話していたら、2年前に『女性自身』が取材に来て、「シリーズ人間」という連載で「日本一の子育て村に　集え！シングルマザーたち」というタイトルで大きく取り上げてくれました。それがひとつのきっかけとなり、ＴＢＳの「もてもてナインティナイン」が取材に来て、全国から独身女性が集まり、役場の前で町民１０００人がお迎えし、地元の男性とお見合いをして、過去最多16組のカップルが成立しました。うち１組が結婚し、その関連で４組、５組と結婚しました。

人口は合併当時１万２９４４人でしたが、右肩下がりで平成22（２０１０）年に１万１９５９人、現在は１万１５６０人となっています。平成17（２００５）年と22年の間に毎年２００人、計約１０００人が減っ

図2　スイスのような風景

図3 「田園回帰」の原風景

ています。しかし平成22年からは減少率が緩やかになっていると感じています。4年間で400人しか減っていません。

Ⅱ 20人の社会増
――邑南町への「田園回帰」

平成23年から取り組む定住促進プロジェクト

定住人口の推移ですが、平成23（2011）年度から定住を呼びかけるプロジェクトに取り組みました。その推移を見てみると、問い合わせ件数が23年度からの3年間で451人、実際に定住した世帯数83世帯、定住者128人で、うち子どもは21人（16世帯）となりました（図4）。この数字はあくまでも邑南町の「定住コーディネーター」がかかわった数字なので、コーディネーターを通さずに定住した人は他にもおられますし、Uターンを含めるともっと数字は増えると思います。

年度	問合せ件数	定住世帯数	定住者数	（うち児童数）
平成23	153	24	30	4人（3世帯）
24	160	24	42	7人（6世帯）
25	138	35	56	10人（7世帯）
合計	451	83	128	21人（16世帯）

図4　定住人口の推移　定住コーディネーターの関わりにより邑南町に定住した人数

定住の努力なしに学校統廃合はありえない

邑南町は教育の町づくりにも取り組んでいて、今は小学校8校、中学校3校、県立高校1校、県立養護学校1校があります。とかく学校の統廃合が進められて

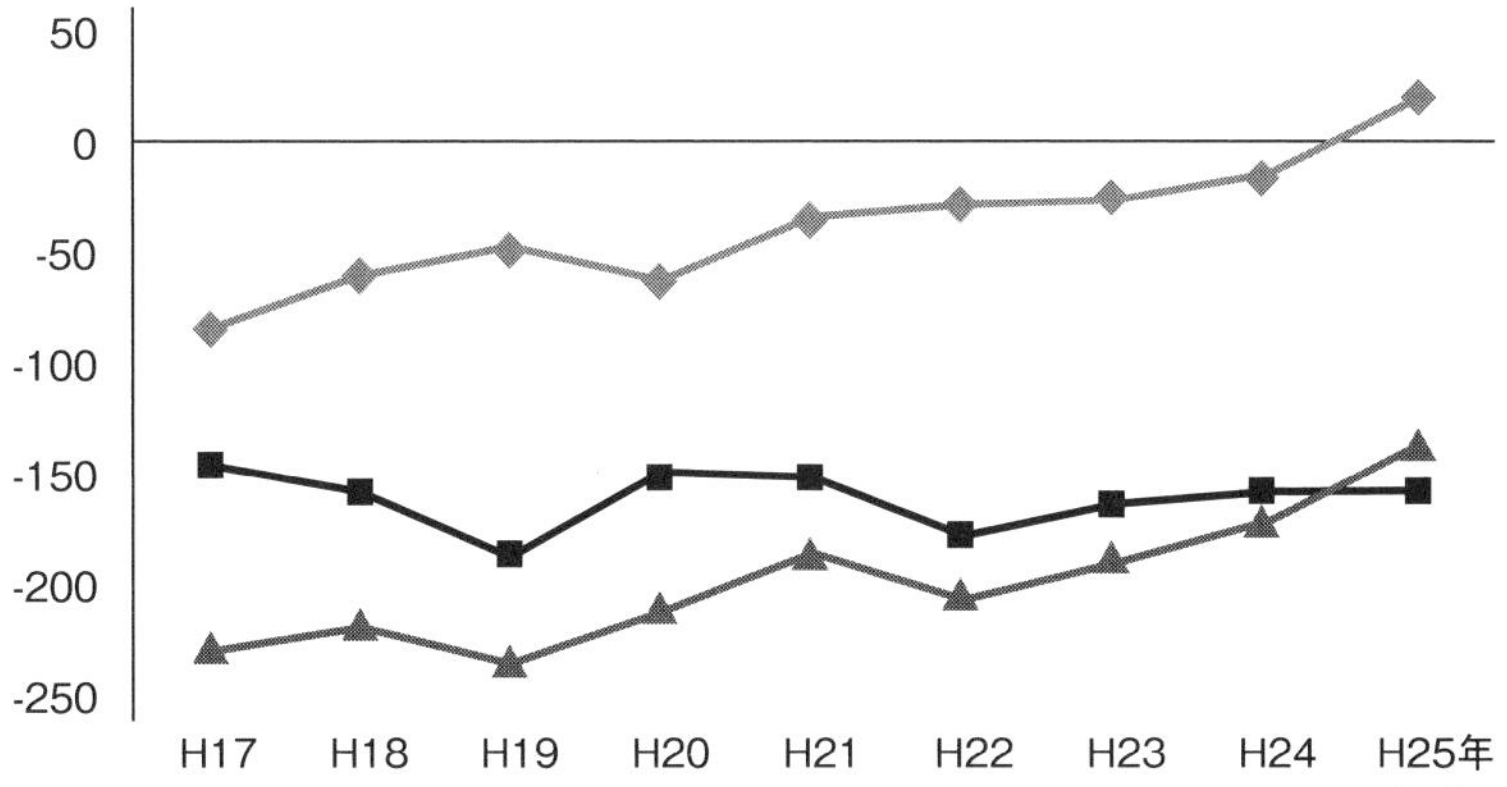

	H17	H18	H19	H20	H21	H22	H23	H24	H25年
社会動態	-85	-61	-48	-63	-34	-29	-27	-14	20
自然動態	-146	-158	-188	-150	-152	-178	-164	-158	-158
合　計	-231	-219	-236	-213	-186	-207	-191	-172	-138

図5　人口動態の推移

いますが、それでは地域が衰退します。行政が一生懸命定住を増やす努力をしなければいけません。もしダメならば地域と相談して統廃合することもありえますが、その努力をせずにいきなり統廃合という話はありえないと思っており、できるだけ学校は保っていきたいと考えています。現実に、さきほどの藤山さんの報告のとおり、児童数が増えた小学校もあります。

人口動態の推移を見ると、社会動態がだんだんと右肩上がりになり、平成25年にはプラス20人となり、自然動態は横ばいですが、総合的には右肩上がりになってきています（図5）。

Ⅲ　「田園回帰」のための3つの戦略

この町に、あってはならない女性と子どもの貧困

今日のテーマである「田園回帰」のための、邑南町の3つの戦略を紹介したいと思います。

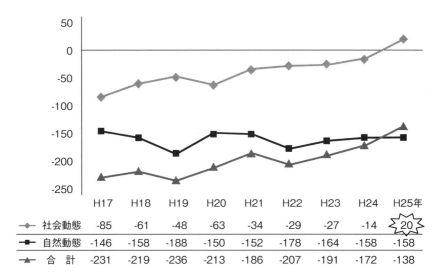

まず、第一に、平成23年度から「日本一の子育て村」という目標を掲げました。合併当時、女性や子どもの貧困、ひとり親家庭の問題が社会問題化しており、そのような問題は邑南町では絶対にあってはならないという思いがありました。今、日本の子どもの貧困率は15・7%で、OECD中10番目に高い数字であり、まったく改善されていません。邑南町に住んでいただいた女性には幸せになってほしい。お子さんも未来があるわけですから幸せになってもらわないといけません。そのための町づくりとして、日本一の子育て村を目指そうという目標を掲げ、とくに子育て世代の女性にターゲットを絞ったわけです。

第二に「A級グルメの町」です。町にはオンリーワンのおいしいものがいっぱいありますが、中山間地ですので大量生産できません。多品種少量生産です。これを加工し「6次化」することで、みなさん方に食べてもらい、地元にお金がまわるような仕組みをつくり、産業おこしや定住に結びつけていこうという狙いです。

第一と第二の目標を達成するために、第三に行政が「徹底した移住者ケア」をしなければならないと思います。地元では「いらん〝ちゃこ〟を焼く」と言うのですが、おせっかいを焼かないと定住者の増加にはつながりません。

「日本一の子育て村」を目指して

邑南町は子どもを増やして、「持続可能なまち」を目指しています。平成22(2010)年には、0~18歳の人口は1660人いました。この数が減るようなら、持続可能ではなくなります。とくに日本一の子育て村として、平成33(2021)年に1800人に増やそうという目標を掲げました。非常にきびしい数字ですが、あえてこれに挑戦しようと、毎年100人の出生数を目指しています。現在は多い年で80人、少ない年で70人程度の出生数ですが、これを100人に上げていきたい。なぜなら地元の1学年3学級100人の県立矢上高校が、100人の子どもが生まれないと存続がきびしいからです。なんとしてもこれを存続させたいという目標です。

目標を達成するには、子育て負担軽減のための財源の問題があります。それをクリアするために、平成28(2016)年度までに期間延長された過疎法に新た

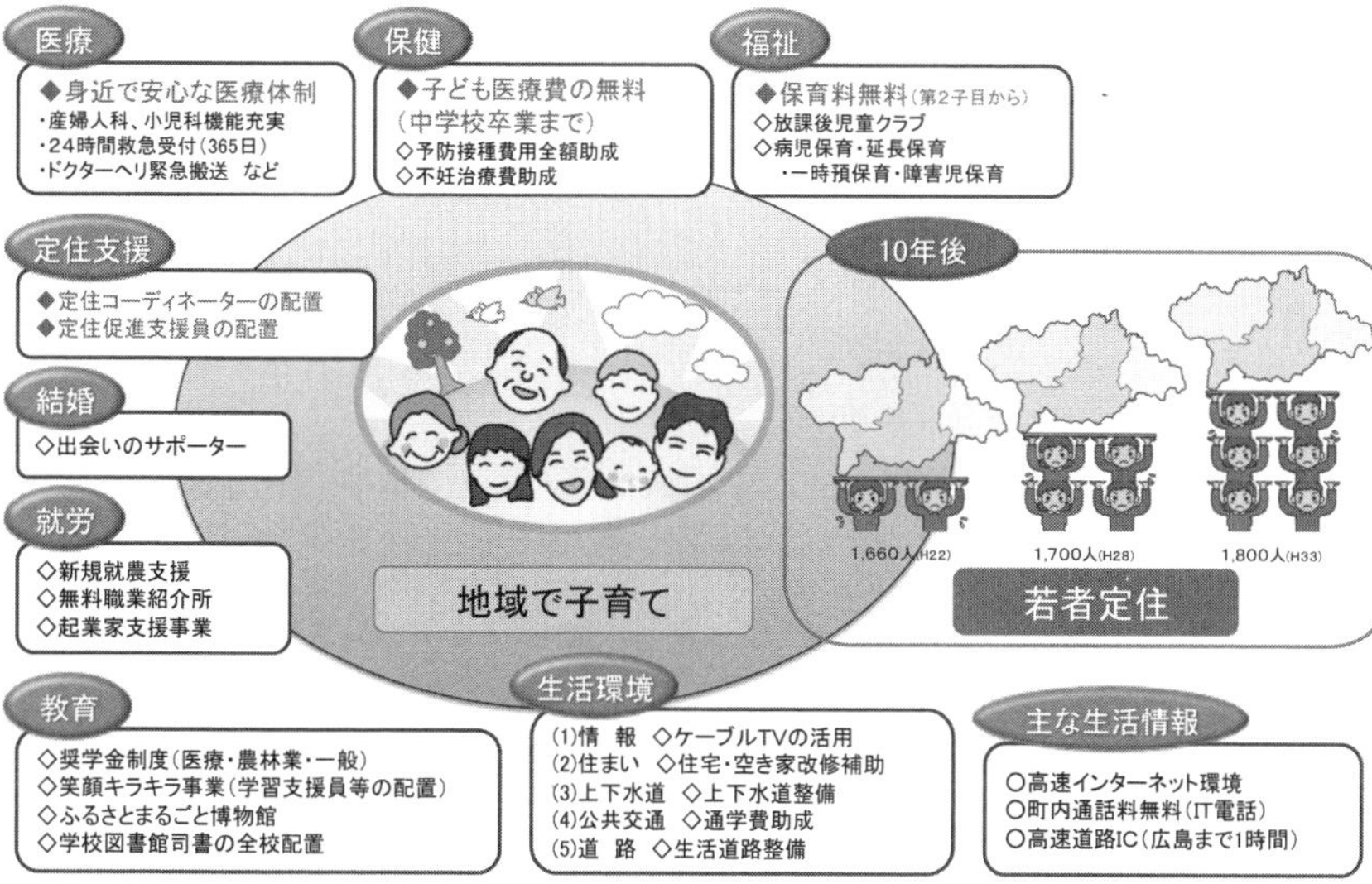

図6　日本一の子育て村を目指して　～子育てするなら邑南町で～

に導入された「過疎対策事業債（過疎ソフト事業）」を活用し、５年間の財源を確保しました。28年以降も過疎法は延長されると思いますが、期限が切れたとしても「子育て村構想」を10年間続けるための「邑南町日本一の子育て村推進基金」として、年間５０００万円ずつ積み立て現在２億５０００万円を積み立てており、今後も２億５０００万円を積み立てる予定で、５億円を確保したと考えてよいと思います。役場を挙げてこれに取り組むということで「日本一の子育て村推進本部」も立ち上げました。

　定住を進めるには医療が大事です。邑南町には、98床規模の公立の病院があります。３６５日24時間の救急受付で、いま問題になっている小児科医・産婦人科医も常駐しており、ドクターヘリが飛んでくるヘリポートもあります。そういう条件面では恵まれております。子育て世帯には医療費や保育費の問題もありますので、平成23年度からは医療費は中学校卒業まで無料に、保育料も無条件に第二子から無料とし、その財源として過疎法のソフト事業を活用したわけです。就労、保健、医療、福祉、結婚、生活環境、定住支援なども「日本一の子育て支援」ということでワンセット

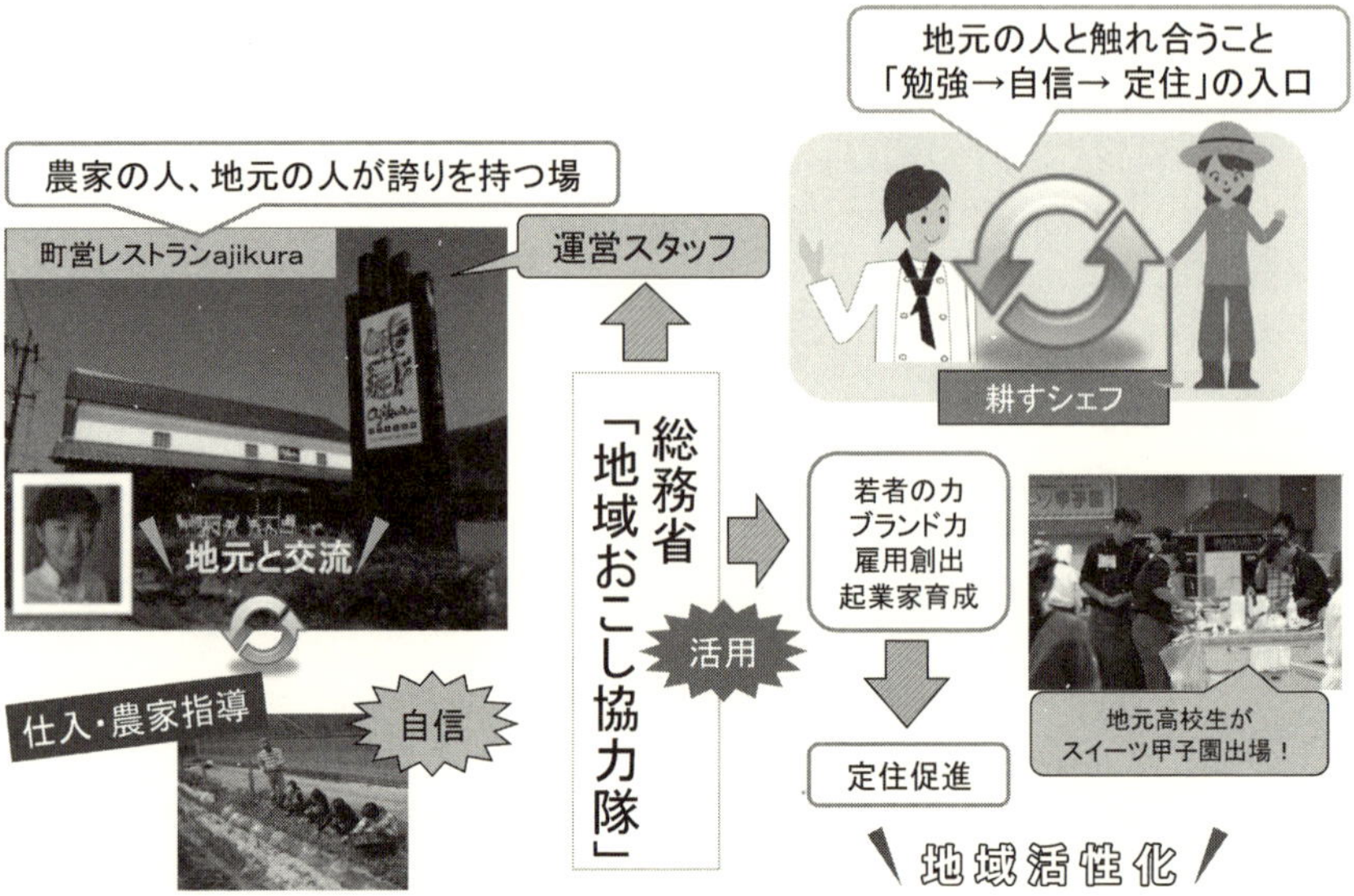

図7　持続可能なまちを目指す　総務省「地域おこし協力隊」や矢上高校生の力を活用

で提供しています（図6）。

「A級グルメの町づくり」と「地域おこし協力隊」

「A級グルメによる町づくり」は、明確に「B級グルメ」と区別して掲げています。B級グルメを追求して競争すると、いずれはたいへんな消耗戦になります。やはりA級、オンリーワンでなければならない。最終的には100年先の子どもたちに伝えられる邑南町のよい食材、食文化として「永久（＝A級）」に残そうというメッセージを込めています。これは全国初の「農林商工等連携ビジョン」の策定として、平成27（2015）年度末までの5年間の数値目標を掲げました。まず食と農に関する5名の起業家育成を目指していましたが、すでに5倍以上の28名の起業家が生まれています。「半農半X」という言葉もありますが、農業をしながらレストランをする、農家をやりながら民宿をする、スイーツの店をつくるといったかたちで増えております。定住人口目標200名は現在128名、観光入り込み客数目標100万人は設定当時の70万人弱から現在92万人まできており、なんとかこれら

●A級グルメ発信基地・食の研究所：町営レストラン　素材香房ajikura

●100年先の子どもたちに伝える邑南町の食文化：邑南町立食の学校

図8　A級グルメの町

を27年度には達成したいと思います。

これには、総務省の「地域おこし協力隊」という非常によい制度を活用し、とくに食と農に絞って「耕すシェフ」というネーミングで募集しています。自分でつくった農産物をお店に提供するところから始めており、その拠点は、小洒落た町営イタリアンレストランの「ajikura」です（図7）。邑南町には残念ながらこれまでイタリアンのお店はなかったのですが、新たにつくり、Uターンで帰ってきてくれた料理人が先生になって教え、耕すシェフが一生懸命研修しています。昼は予約がなかなかとれないほどお客さんが入っています。本当にありがたいことに、女性客が多く、黙っていても口コミで宣伝してくれます。東京で食べたら1万円以上するような料理が、3000円程度で食べられますので、ぜひ車や飛行機で飛んできてください。地元の矢上高校生が「スイーツ甲子園」に中四国の代表として全国大会に出場するなど、地域活性化につながっています。食にかかわる人材育成をやりたくて、7月2日に12番目の町立学校である「食の学校」も設立しました。とくに子どもさんに来てもらって、食の勉強をしてほしいと考えています（図8）。

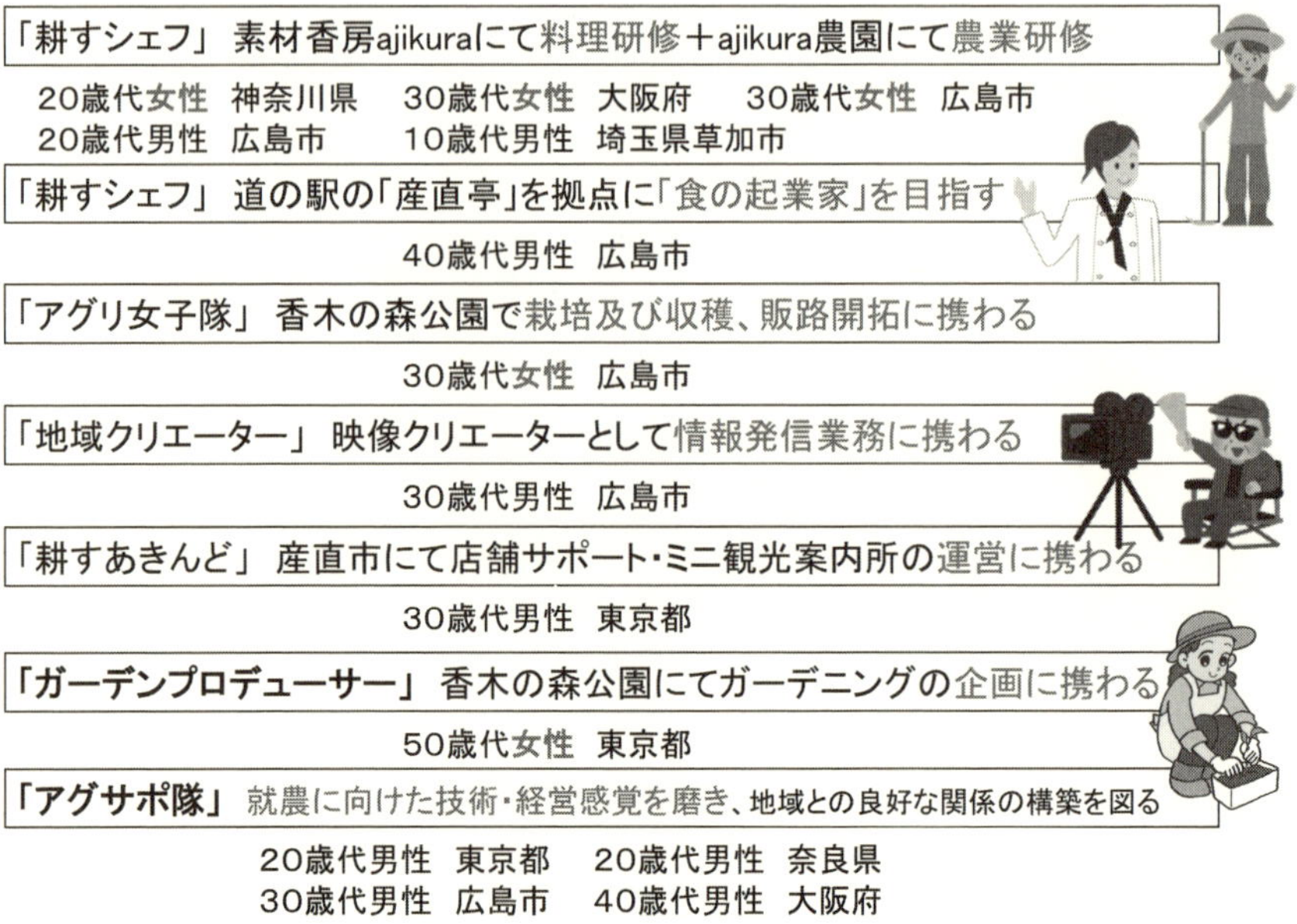

「耕すシェフ」 素材香房ajikuraにて料理研修＋ajikura農園にて農業研修
20歳代女性 神奈川県 30歳代女性 大阪府 30歳代女性 広島市
20歳代男性 広島市 10歳代男性 埼玉県草加市
「耕すシェフ」 道の駅の「産直亭」を拠点に「食の起業家」を目指す
40歳代男性 広島市
「アグリ女子隊」 香木の森公園で栽培及び収穫、販路開拓に携わる
30歳代女性 広島市
「地域クリエーター」 映像クリエーターとして情報発信業務に携わる
30歳代男性 広島市
「耕すあきんど」 産直市にて店舗サポート・ミニ観光案内所の運営に携わる
30歳代男性 東京都
「ガーデンプロデューサー」 香木の森公園にてガーデニングの企画に携わる
50歳代女性 東京都
「アグサポ隊」 就農に向けた技術・経営感覚を磨き、地域との良好な関係の構築を図る
20歳代男性 東京都 20歳代男性 奈良県
30歳代男性 広島市 40歳代男性 大阪府

図9 持続可能なまちを目指すさまざまな作戦 総務省「地域おこし協力隊」の力を活用！

地域おこし協力隊は、男性9名、女性5名の計14名が活躍しています（図9）。「耕すシェフ」として10～30歳代の男女5名がajikuraで料理研修をしながら農園で農業研修をしています。埼玉県草加市出身の10代の男性は、東京の調理・製菓学校である学校法人華学園の卒業生です。7月17日には華学園と邑南町で包括連携協定書を結びますので、卒業生が毎年邑南町に「耕すシェフ」として来てくれるのではないかと期待しています。40歳代の男性は道の駅「瑞穂」のそばにある店を借りて「食の起業家」として地産地消のラーメン店「産直亭瑞穂」を開いています。そのほかに、香木の森公園で3年間ハーブの栽培・販路開拓に携わる「アグリ女子隊」、情報発信をする「地域クリエーター」、産直市をマネージャーとして運営する「耕すあきんど」、香木の森公園のガーデニングの企画に携わる「ガーデンプロデューサー」などです。またいま農業が非常に注目されていますが、かつては邑南町にも1年間の農業研修制度がありました。それでは短いだろうということで、今年から3年間の農業研修制度として「アグ

定住支援コーディネーター

＋

定住促進支援員
人望が厚く地域の状況に精通している人

新たな空き家情報の収集
空き家所有者と交渉し利活用を促す
移住後のUIターン者が地域になじめるように相談窓口
UIターン者を地域住民に紹介する場の創設

図10　UIターン者のケア

サポ隊」を設け、４名が農業を勉強しています。

徹底した移住者ケア

Ｕ・Ｉターンの悩みとして、移住したくても住むところがない、地域のしきたりになじめない、相談相手がいない、就職先がないことなどがあります。これをケアするために、数年前に広島県からＩターンで来てくれた非常に頑張る男性が、「定住支援コーディネーター」となって〝ちゃこ〟（おせっかい）を焼いてくれています。彼自身もＩターンなので、移住者の立場がよくわかり、「おせっかいを焼くのが自分の仕事」「愚痴を聞いて回ることが大切」と言っています。さらに彼をサポートする「定住促進支援員」を町が地域から2名任命し、空き家情報の収集や、空き家の所有者との交渉など定住に関する窓口になっています（図10）。

住宅不足への対応としては、空き家を利活用したり、町営住宅を５００戸ほどつくったりしてきました。しかし、町営住宅は建てれば入るという状況で、なかなか追いつきません。なんとか民間住宅建設を活用できないかと考え、今年度から「邑南町版ＰＦＩ」

を始めました。邑南町の遊休町有地を10年間貸し出し、建設費の２分の１（最大５００万円）の助成金を出し、民間に建設してもらおうというものです。借地料については10年間払っていただければ、無償譲渡する特典もつけています（図11）。

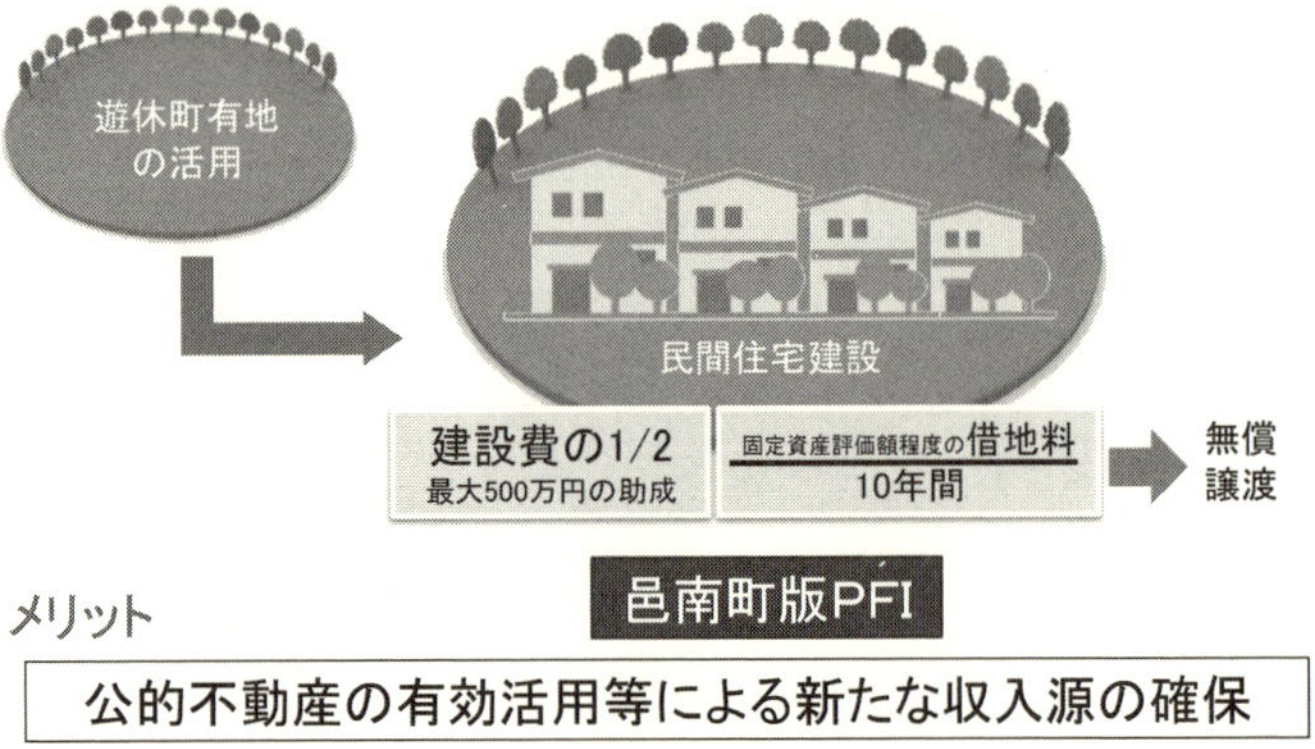

図11　空き家バンクだけでない――移住者向け住宅確保へ

Ⅳ　邑南町はしこたえております！

じつは増えている若年女性人口

さて、日本創成会議は、邑南町の未来について、非常に悲観的な数字を示し、「消滅する市町村５２３」のひとつに挙げました。平成22（２０１０）年に８０１人だった20～39歳の女性が、平成52（２０４０）年には３３４人になり、58・４％が減少すると予測しています。ここで今の邑南町の数字を示すと、20～39歳の女性は、じつは現在８１４人です（図12）。減ってはいません。13人増えているのです。頑張ればできるのです。邑南町はなんとかしこたえて（「がまんしてやりとげる」の意）おります。若年女性人口変化率（平成22～26〈２０１０～14〉年）は、１０１・７％です。創成会議は減るという前提で出している統計のようですが、現状は増えているのです。高齢化率も平成25年には42・1%になるとの予測値が出ていましたが、実際には40・8%でした（平成25年10月現在）。

私なりの解釈ですが、少し不便でも、人のつながりの中で暮らしてよかったなと感じられる町が理想郷だと思います。邑南町はその理想郷を目指していきます。邑南町は教育の町。「邑南町に定住すれば、高等教育が受けられる。自分の夢が叶えられる」と思ってもらえるように、今後とも教育に力を入れていきたいと考えています。邑南町の8小学校、3中学校のすべての学校の図書館には司書がおります。町単独で雇用しております。町立の小中学校には学習支援や生活支援、少し障がいのある子どもの支援のために、町単独によるサポート教員がいます。いろんな問題があっても均等に教育が受けられる環境づくりをしたい。そして女性や子どもの貧困に立ち向かっていきたい。そのような風穴をあける邑南町にしたい。「田園回帰」が日本の少子化を解決する唯一の道として考えております。

2014年現在人口	現在20～39歳女性	若年女性人口変化率（2010～2014）
11,560	814	101.7%

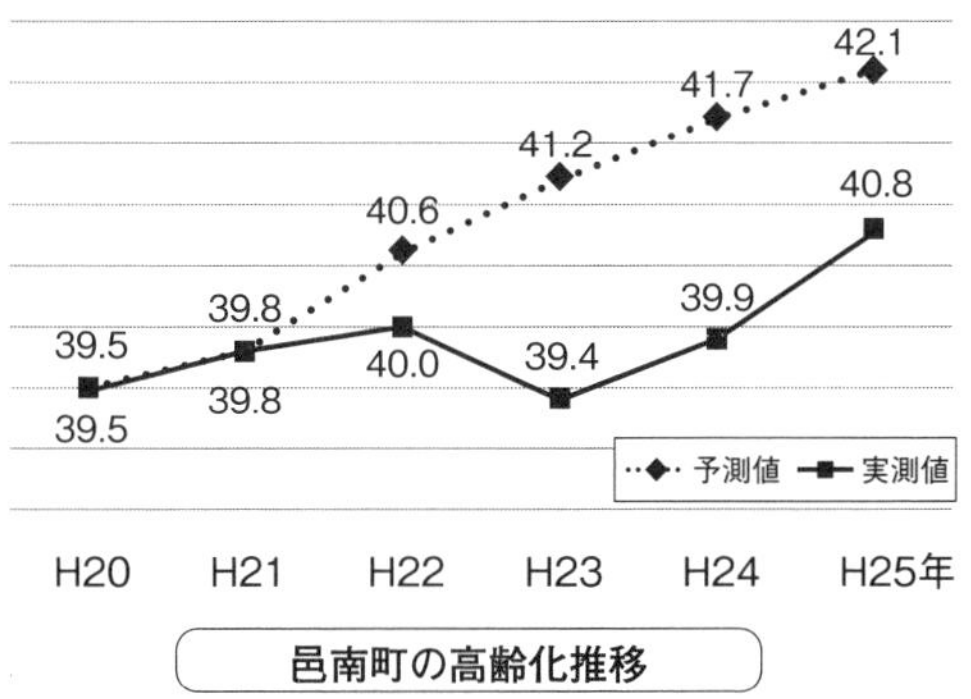

図12　ところが邑南町は「しこたえております」

地元女子高生の投稿「『消滅可能性都市』克服に力」

最後になりますが、たまたま本日の「山陰中央新報」に、創成会議のレポートに対する、地元の矢上高校の生徒の投稿が掲載されておりました。私はこれを読んで感激しました。ぜひご紹介させていただきたいと思います。「『消滅可能性都市』克服に力」というタイトルの、矢上高校3年生、土居吉乃さんの投稿です。

「『25年後には全国の地方自治体の半分が消滅してしまうかもしれない』という話を耳にした。それらの自治体は、『消滅可能性都市』という何とも『ありがたくない』呼び方をされ、特に島根県では8割以上の自治体にその可能性があるという。残念ながら私の故郷である邑南町もそれに該当している。この話は私にけっこうダメージを与えた。自分の育ってきた故郷がなくなってしまうのは何よりも悲しいことだ。最も大事なのは『消滅可能性都市』についての認識を深め、その問題の解決のために何ができるかを考えることだ。私も最近まで全く知らなかったし、周りで話題に上ることもなかった。しかし、それこそがこの問題の悪化に拍車をかけていると考える。大人が招いた問題という人もいるだろう。確かにそうかもしれない。しかし、この先、世界を背負っていくのは私たち若い世代である。現実に目そらすわけにも、逃げるわけにもいかない。解決に向かって何ができるか、何をすべきかを考えたい。私の将来の夢は、故郷である邑南町に帰って、この町の役に立つ仕事をすることだ。『消滅可能性都市』を解決し、より栄えていく町を創るために力を尽くしたい」

以上です。ありがとうございました！

報告3

私の「田園回帰」

——そのWhyとHow

島根県益田市匹見町
土屋紀子

Ⅰ 「便利な都会」から山あいの匹見町へ

プロフィール

はじめまして。私は東京都江東区の下町、深川地区で育ち、結婚後は二子玉川から多摩川を渡ってすぐの神奈川県川崎市高津区に住んでいました。仕事は食品業界で製菓材料の卸・販売や、コンピュータ関連会社でソフトウェアや電化製品などのマニュアルを作成するテクニカルライターなどの仕事についていました。いろいろなきっかけがあり、２０１２年に島根県益田市匹見町に移住し、現在はワサビの生産農家としての新規就農をめざし、研修をしているところです（２０１４年11月から就農）。

匹見町は、島根県の西にある益田市の中心部から車で一時間ほどいった山あいにあります（図１）。なぜ都会からそのようなところに移住したのか、それまでの暮らしについてお話ししたいと思います。

図１　島根県益田市匹見町

こんなに便利すぎる必要があるの？

移住前に住んでいた川崎市高津区は、徒歩圏内に全種類のコンビニがあるようなところで、駅から10分ぐらい歩けばスーパーやドラッグストアも林立しています。隣の二子玉川まで行けば高島屋があり、買い物には便利な所でした。住んでいたマンションも最寄り駅まで徒歩８分で、近くには病院も郵便局も区役所もありました。ありとあらゆるものがそろっていて、住む

には本当に便利な場所でした。
ただ、あるときから「こんなに便利である必要があるのか」と思い始めました。とくにそれを感じたのは、東日本大震災のときです。あのとき、みんな食べ物や水がなくなるからと買いだめしたため、近所のスーパーやコンビニから食べ物や水がなくなりましたが、それで生活に支障があったのかというと、そんなことはありません。普段が便利すぎて何でもあるために、ちょっと自分のほしいものがなくなるだけで、なぜないのかと腹が立ったりする。それはおかしいのではないかとそのとき感じたのでした。

つねに「新しさ」「便利さ」を追求する仕事

前職では電子機器などのマニュアル製作をしていたのですが、取引先メーカーが新商品やバージョンアップをするごとにマニュアルを作り直します。メーカー側はつねに新しいものを出そうといろいろと工夫されていましたが、すでに必要な機能は出尽くしており、本当に必要で目新しい機能はそうそうありません。また次々に新しい機能が搭載されますが、その機能を全部使いこなせる人はなかなかいません。この機能は誰が使うのかと思うものがほとんどです。これらを「新機能」だと謳って発売しますが、それがはたして本当に「便利」なことなのかとの疑問も持っていました。

また、毎日ほとんど残業で朝から晩までパソコンに向かっている生活でしたので、家に帰るころにはもう真っ暗でした。この報告の資料をつくるためにひさびさにパソコンに向かいましたが、日中の天気がいいときにパソコンに向かって仕事をしていたなんて、なんと不健全な毎日だったのだろうと思ってしまいました。不健全と言えば、震災以降は省エネが叫ばれて、夏場は「エアコンの設定温度を高めに」などと言われましたが、ＩＴ業界では1人1台パソコンは当たり前で、かつプリンターなどの機器に囲まれていますので、それらがものすごい熱を発散します。その中で省エネといっても、人間はともかく機械はそういかないので、それなりに温度は下げないといけません。「それってエコなのか？」と矛盾を感じたりしていました。

この仕事を続けていきたいのか？続けていけるのか？

新しさや便利さがつねに追求される業界で、それは本当に必要なことなのかどうか疑問に感じている中で、「この仕事をずっと続けていきたいのか？　続けていけるのか？」と感じるようになりました。また、私は40ン歳になるのですが、この年齢になると現場の仕事が好きであっても、会社から求められるものがもっと多くなってきます。私は管理職ではなく、現場の仕事をしていたかったのですが、それがむずかしくなってきていました。女性はとくにそう感じるのかもしれませんが、管理職にならずに仕事を続けるというのは、むずかしいものがあると思います。このままでよいのか悶々と考えるようになっていました。

自然とふれあう市民農園、「日本的なもの」を見直す海外旅行

そんな生活をしているとき、川崎市で市民農園の貸し出しがあり、けっこう人気があって抽選なのですが、たまたまそれが当たり、小さい規模で野菜を育て始めました。太陽の下で土を耕して、種をまき、野菜がどんどん成長していくのを経験し、もともとものをつくるのが好きだったので、自然にふれながら仕事をすることに楽しさを覚えました。

夫もＩＴ業界勤務で、比較的長期に休みを取りやすい会社でしたので、毎年一回海外旅行をしていました。学生時代はバブル期で、欧米に対する憧れの中で育ち、ヨーロッパやアメリカにも旅行に行きました。スキューバダイビングもしていて、東南アジアにも行くようになりましたが、いろいろな国に行くにつれて「日本のサービスや文化はやっぱりすごい」と実感しました。日本には「おもてなしの精神」のようなものがあり、島根県もそうですが、それが各地に根づいていると思います。そういうことから国内もいいなと思

うようになりました。また、「日本人なら日本のことも知らないと」ということで、伊勢神宮、次は出雲大社とまわったりしました。子どものとき遠足で行った日光にも改めて行きましたが、たいして興味が湧かなかった子どものころと違って、「いいな」と感じるようになり、日本的なものを見直すようになりました。そのころから、「田舎で暮らしたい」と思うようになり、私はもう少し先でもよいのではないかと思っていましたが、夫のほうが早く農業をやりたいので「会社を辞める」と言うので、「それならば」と移住することを決意しました。

Ⅱ 匹見町を選んだ理由

「中途半端ではない」田舎

移住先を選ぶにあたって、どこに住むのかということと、何をするのかがポイントになると思います。どこに住むのかということについては、東京郊外のような「ちょっとした田舎」ではなく、「本格的な田舎」にしようというのが私たち共通の思いでした。山梨、静岡、栃木あたりにもそれなりに田舎はあるのですが、東京から簡単に行ける場所ではなく、心機一転できる場所、何かあったらすぐ帰れるような場所ではなく腰を据えてやらなければいけない場所を選ぼうと決めました。

場所選びで失敗したなと思っているのは、西のほうは暖かいという先入観で決めたことです（笑）。夫がとくに寒さが嫌いということもあって、暖かい地域にしようと決めたのですが、そうなると東北・北海道は選択肢から外れ、四国や九州はほぼ南国のイメージをもっていたので、島根県も暖かいのだろうと思っていました。これが大間違いでした。益田市内は比較的暖かいのですが、匹見町は豪雪地帯といってもよく、日照時間も短くて、「山陰だからね」と言われ、それはそうだと住んでみて感じています。

初めて見た瞬間に「ここだ！」

実際に匹見町を知ったのは移住先を探し始めてからです。島根県は定住に力を入れていて、都内でも定住

図２　山と自然に囲まれた匹見町の風景

図３　匹見峡

フェアなどを開催していまして、その定住フェアで、藤山先生のお話にもあった清流日本一の高津川流域、益田市匹見町、津和野町、吉賀町をまわるツアーがあることを知りました。このツアーに参加して初めて訪れた匹見町は、日本昔話に出てくるような田舎の風景が広がっていて、見た瞬間に「ここだ！」と思いました（図２）。秋の匹見峡はとてもきれいなところです（図３）。

移住後の仕事についてですが、漠然と農業をやりたいと考えていましたが、農業の専門学校を出たわけでもないので、何ができるのかをまず考えなければいけませんでした。最初はトマトやイチゴが楽しそうだと思って調べましたが、施設野菜はビニールハウスに相当な費用がかかり、十分な自己資金が必要です。また、すでに色々な品種が出尽くしている作物なので、新規参入で経験もないのに新たな品種を開発したり、新規で販路を開拓していくこともむずかしいとわかってきました。

「西の匹見、東の静岡」の高級ワサビ

自立してやっていける作物は何かと考えている中、

図4　放置されたワサビ谷

匹見町はワサビ栽培で栄えた地域だと聞いて驚きました。東京生まれなので、ワサビというと静岡や長野が思い浮かびます。これらのワサビは「辛い」というイメージしかありませんでしたが、匹見町のワサビを実際に食べさせてもらったところ、粘りがあって、辛さの後にほんのり甘さがくるのです。白い炊きたてのごはんにすりおろしたワサビを乗せただけで本当においしくて、新鮮な驚きでした。

　匹見町は山に囲まれていて渓流がたくさんあり、そういう地形を生かしてワサビは栽培されています。1〜2時間も山を登ったところで栽培している人もいます。匹見町のワサビ栽培は渓流式といって、谷の流れに沿って大きな石を積み上げてワサビ谷を作り栽培するものですが、水害で石積みが流れてしまうというリスクが伴います。ワサビは苗を植えてから収穫できるまでに最低2〜3年かかるため、度重なる大水と高齢化によって、生産者が激減してしまいました。現在残っている方も70代、80代の方ばかりで、今を逃したら技術を継承できるチャンスはもうないということもわかりました。かつては「西の匹見、東の静岡」といわれ、関西市場では高値で取引されていたそうで、今でも関西の料亭などでは匹見ワサビを知っているベテラン料理人の方もいるということで、その希少性や栽培環境の特殊性からやり方しだいではチャンスもあるのではないかと、ワサビにチャレンジすることに決めました。

　一から石を積んでワサビ谷を作るには膨大な時間も労力もかかりますが、匹見町には栽培放棄されたワサビ谷があちこちにあります。数年放置されたワサビ谷は草ぼうぼうで荒れていますが、石積みは昔の人が積んだものが残っています（図4）。こういったワサビ谷を借りて、復旧しながらワサビを栽培することに取り組んでいます。ワサビには水ワサビと言って、根っこの部分をすりおろして食するのを目的として谷で育てるワサビ（図5）と、おもに練りワサビの原料となる葉や茎を出荷するための畑ワサビとがあります。また、ワサビの花も貴重なもので、春になると醤油漬けにしたり、ゆがいておひたしにしたりします。ワサビはダイコンなどと同じアブラナ科の植物で、菜の花に似たかわいらしい白い花が咲きます（図6）。

図5　山の中にあるワサビ谷

図6　ワサビの花

親切な定住担当者と充実した定住助成制度

移住を決めるにあたり、益田市の定住担当者の方には、よく相談に乗っていただきました。担当の方々はとても親切でした。知らない土地に行くのに、何かあったときに相談に乗ってもらえる人がいるかどうかはとても大切なことだと思います。

また島根県では、定住助成制度が充実していると思いました。私たちも資金は用意していましたが、農業を始めるにもお金がかかりますし、自分たちのお金だけですべてまかなうのは不安もあるので、少しでも助成が出るということは大きなポイントになります。そういうことにも島根県が一生懸命取り組んでいるということが、定住の増加につながっていると思います。

Ⅲ 移住前の不安と移住後の実感

地域の行事と祭りは親しくなるのに最適

移住前にもっとも不安だったことは、地域になじめるかどうかということでした。都会にいたときは、夜の9～10時ぐらいまで働いていたので、家は帰って寝るだけのところでした。私たちには残念ながら子どもがいないので、学校の行事などで近所の人と知り合うこともありませんでした。どちらかと言うと、近所づきあいは面倒くさいし、なるべくかかわりたくないというスタンスでもいました。移住するにあたり、そういう姿勢は変えなければいけないと、なるべく地元の行事やお祭りには参加するように心がけました（図7）。

高齢者の人口が高い地域ですので、お祭りの運営も高齢の方々がすることになります。なので、お祭りに参加するだけでも喜ばれますが、「お手伝いします」と言って参加すると大変喜んでいただけます。私が勤めていた会社はお盆休みもなく、お歳暮やお中元といった風習もほとんど関係なく過ごしていたので、とくに昔ながらの風習が残っている島根県で地元の人とふれ合うことで、地元ならではの習慣や日本的な習慣を

図７　地元のイベントにお手伝いで参加

図８　女性を中心に活動している和太鼓のグループに参加

教えていただくことができ、自分としても勉強になっています。

また、積極的に地域の行事に参加するということでは、地元の伝統芸能への参加もおすすめです。私は地元の女性を中心に活動している和太鼓グループに入れてもらいました（図8）。また夫は、島根県の伝統芸能である石見神楽の社中に入って地元の方々と交流しています。石見神楽に限らず、伝統芸能も人手不足で高齢化しているので、その意味でも新しい参加者は喜ばれます。こうした伝統行事に参加することは、仕事以外の幅広い方々とふれ合うことができますのでおすすめです。

「噂の広がり」「助け合うのが当たり前」

実際に田舎に住んでみて感じたことをお話しします。第一に「噂が広まるのは想像以上に早い」ということです（笑）。とくに外から来た人間はすごく目立つので、たいてい噂の対象になります。初めて話す人から、「この間あなたはあそこにいたよね」とか、「もう家は買ったの？」とか言われてびっくりしますが、それは仕方ないとあきらめるしかないと思います。逆に気にしてくださっているんだと思って受け入れれば、早くいろんな方と顔見知りになれますし、こちらも地元の情報を教えていただくことができます。それで親しくなれば、野菜などをいただいたり、何かあったときに手伝っていただけます。

第二に「集落で助け合うのは当たり前」ということです。集落の道の草刈りや集会所の掃除など、毎年やることがだいたい決まっていますが、大半の集落が高齢化している中、みなさん協力してやっています。こういった機会に顔を見せ合って交流を深める意味合いもあるようで、集落の集まりに積極的に参加することも大切だと思います。

住んでみて感じた都会との違い

都会との違いという点で感じたのは、第一に「都会では買えないものにあふれている」ということです。移住前の生活では、買おうと思ったら何でも手に入っていました。匹見町にはお店は3軒ありますが、平日しか営業していないし、ほぼ5時には閉まってしまいます。必要最低限のものしかないのですが、その分、自然のものはなんでもあります。たとえばマタタビの木。私は猫を飼っていて、マタタビパウダーとかよく買って使っていたのですが、「あ、本物がある」と、感動しました（図９）。雪のかまくらも初めて体験しました。クマやイノシシ、タヌキ、ウサギ、ムササビ、ムジナなど動物もいます。あと、匹見は広葉樹の森に囲まれているので、貴重な植物や昆虫も多く、好きな人にはたまらないようです。

第二の都会との違いとして、ものがないぶん、「身近なもので工夫し、なければ手づくり」ということに感動しました。今まではダメになったり、なければ買えばいいと思っていましたが、田舎の人たちが木や石などまわりにあるものを使って工夫したり、機械などでも直せるものは直して使っています。これこそ「本当のエコ」ではないかと思います。野菜もお米もみなさん「買うものではなくつくるもの」。今の時期はキュウリをあちこちからいただくので、キュウリの料理に困るほどですが、あちこちからいただくことで都会にいると感じることのむずかしい本当の「旬」を感じることができます。

図９　天然のマタタビの木

図10　ワサビの研修中

第三の違いは、これは本当に大事なことですが、「田舎のお年寄りはみんな元気」ということです。匹見町は70代、80代の後期高齢者といわれる方がほとんどを占めています。私のワサビの師匠も82歳ですがお元気で、草刈りをし、耕運機で耕し、チェンソーで木も切ります。私たちがついていくのが大変なぐらいです（図10）。40代、50代はまだ若手というより「ひよっこ」で、60代でやっと若手になるくらいです。ですから60歳になって定年退職し、のんびり田舎暮らしをしようと思って田舎に行くと、「あの人はなぜ働かないのだろう？」と見られてしまうこともありますので、定年後田舎暮らしの方も、何か地域に貢献できる

図11　地元の神社でのお祭り

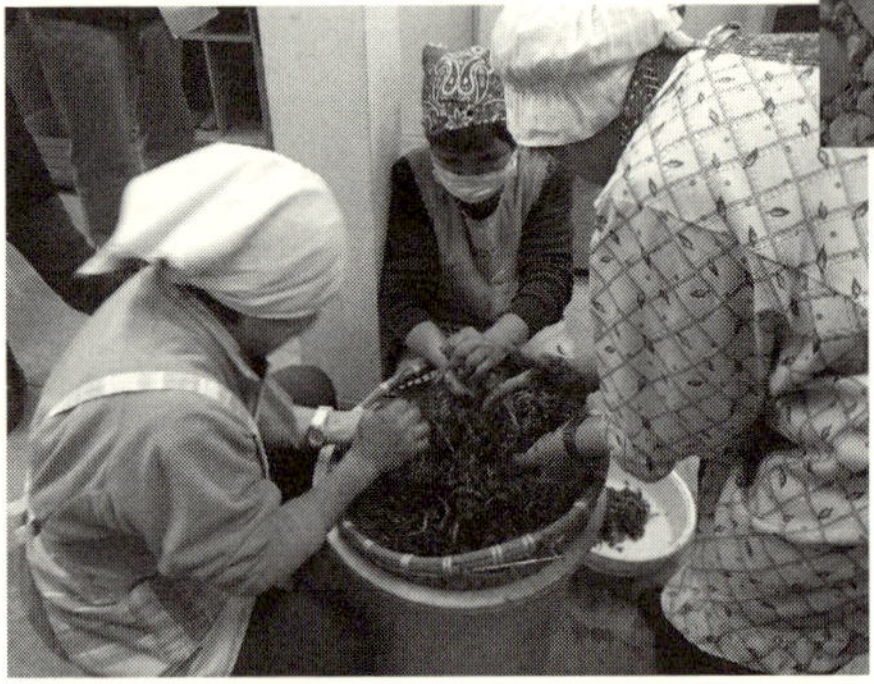

図12　ワサビの花芽摘み体験イベントにてわさび漬けの実演

ことを探して行かれるほうがよいのではないかと思います。

都会との違いの第四は、意外に「週末は行事が多い」ことです。日曜日に草刈りがあったり、春と秋はどこかでお祭りがあったりするので、会社勤めのように土日・祝日はお休みで自分たちだけの時間と思っていると間違いです。逆にお祭りや行事の多い春と秋の時期はなるべく週末を空けておかないと、集落の行事に出られなくなります（図11、12）。

Ⅳ「田園回帰」への課題

その土地で「何をするか」が大事

「移住先で何をするか」は本当に大事なことだと思います。ただ行って、田舎暮らしをしたいというだけでは地域に受け入れられるのはむずかしいと思いますし、実際に娯楽は少ないので時間をもて余します。何かをしないと地域の人とふれ合う機会がなくなって、孤立する可能性もあります。仕事のことではなくても、趣味のことでもよいので、地域のみんなと何かをやるという目的を持って行くのがいいと思います。

移住者と地元をつなぐ行政のバックアップは不可欠

行政の方には、知らない土地に飛び込んで行くわけですから、邑南町長さんのお話にあったような、移住後に軌道に乗るまでのバックアップをとくにお願いしたいと思います。呼びこむときには「来てください」というところが多いのですが、移住後は知らないということだと、定住というのはむずかしいと思います。

住居の問題も重要です。匹見町でも空き家がたくさんあるのですが、お盆や正月に帰ってくるので残したい、荷物がいっぱいで片づけられない、知らない人に貸したくないなどの理由で空き家のままになっている家が多いのです。しかしこのままでは集落の人口が減り、ほとんどの方が自治会長を3回くらいやらなければならないような状況が続きます。管理できない家や土地は貸したり売ったりして、有効に活用できるように改善していただきたいと思います。

最後に、医療と学校の充実は本当に重要な課題です。お年寄りが多いので、救急車の出動などかなり頻繁ですが、匹見町内には残念ながら内科と歯医者以外はありません。大きな病気をすると1時間かけて益田市内に行くか、ドクターヘリで広島か松江の病院に行くことはできますが、悪天候とか夜間は飛べません。益田市全体でも、出産を受け入れる病院が少ないということで里帰り出産をしにくい状況のようです。また小・中学校がなくなると集落が寂しくなると、私の師匠も話しています。

市町村の方には、田園回帰を進めるためにも、医療と学校の充実、安心して出産できる体制づくりを頑張っていただきたいと思います。

小田切徳美（おだぎり とくみ）
明治大学農学部教授
1959年、神奈川県生まれ。1988年、東京大学大学院農学研究科単位取得満期退学。東京大学農学部助教授などを経て2006年から現職。
著書:『日本農業—2005年センサス分析—』（編著）農林統計協会、2008年、『農山村再生の実践』（編著）農文協、2011年、『農山村再生に挑む』（編著）岩波書店、2013年、『地域再生のフロンティア—中国山地から始まる　この国の新しいかたち』（編著）、農文協、2013年、『農山村は消滅しない』岩波書店、2014年、など。

藤山　浩（ふじやま こう）
島根県中山間地域研究センター研究統括監、島根県立大学連携大学院教授
1959年、島根県生まれ。1982年一橋大学経済学部卒。2008年、広島大学大学院社会科学研究科博士課程後期終了。㈱中国・地域づくりセンター主任研究員などを経て1988年、島根県中山間地域研究センター、2013年から現職。
著書:『中山間地域の「自立」と農商工連携—島根県中国山地の現状と課題』（共著）、新評論、2009年、『これで納得！集落再生—「限界集落」のゆくえ—』（共著）、ぎょうせい、2011年、『地域再生のフロンティア—中国山地から始まる　この国の新しいかたち』（編著）、農文協、2013年、など。

石橋良治（いしばし りょうじ）
島根県邑南町長
1949年、島根県生まれ。1971年立命館大学産業社会学部卒業。東京での企業勤務を経て、1981年に帰郷。石見町議会議員、島根県議会議員を歴任し、2004年10月、3町村合併にともなう邑南町長選で初当選。08年、12年には無投票で当選。島根県町村会長。

土屋紀子（つちや のりこ）
東京都江東区生まれ。2012年、島根県益田市匹見町に移住。ワサビ生産農家として2014年11月に新規就農。

シンポジウム企画：特定非営利活動法人中山間地域フォーラム
中山間地域の再生をめざすネットワークの形成、シンポジウム・研究会の開催、地域支援、人材育成、政策提言、情報発信を活動の柱とし、さまざまな分野の専門家や経験豊かな実務家で構成する産・学・民・官のゆるやかなネットワーク。

構成・写真撮影：上垣喜寛（フリージャーナリスト）

パネルディスカッション

田園回帰のネットワークを

中国山地に残る「地元」とは?

小田切 これからパネルディスカッションに移っていきたいと思います。まず報告者のみなさんから、この田園回帰の動きが、なぜ島根県をはじめとした中国山地から始まったのか、またこの動きを広げるためにはどうしたらよいのかということについてお聞きしたいと思います。

藤山 なぜ中国山地からの動きなのか――私は外国も含めていろいろなところに行きますが、中国山地は「地元」が一番よく残っているところだと思います。では「地元」とは何か。三つのつながりが重なるところだと思います。人と人とのつながり、人と自然とのつながり、人と伝統とのつながりが残っていて、これからも頑張れば残しうるところというのに秘密があるのではないかと思います。言うなれば「周回遅れのトップランナー」です。過疎が最初に起こって、最後尾のまま行くかと思ったら、逆さに眺めてみると、じつは先頭に立ちうるというところに中国山地のポジションがあったのではないかという気がします。

また、どう広げるかということについては、「人口も所得も年1%ずつの取戻し」でいいのです(31ページ)。そこが真に革命的だと思います。1%ずつ穴を穿っていくことが本当に根本から変えることになるのです。

石橋 なぜ中国山地か――私なりの考えでは、きびしい自然環境があったり、限界集落の問題があったりするのですが、それだからこそ「ふるさとをなんとかしなければ」という人びとの思いが強いのではないでしょうか。それと同時に、人柄ですけれども、非常にいい人が多い(笑)。とくに私たちの邑南町はウェルカムの精神が強くて、よそからの方を疎外するのではなく、同じ仲間として受け入れる気質があるのではないかと思います。

土屋 中国山地は、先ほどから話題になっているように、人柄がよくて、おもてなしの精神というのが根づいていると思います。また、町や集落の大きすぎないサイズ感がちょうどいいというのがあるのではないでしょうか。

小田切 おそらくこの課題は、1回だけのシンポジウムでは語りきれないと思います。田園回帰が、まだら状態で起きている、あるいは大きく言えば西高東低型で進んでいることの原因を究明すると同時に、それに応じた促進策が必要になろうかと思います。こうしたことについては、次の機会も含めて深めていきたいと思います。では、会場のみなさまのご質問を受けていきたいと思います。

「IがUを刺激する」

Q1 石橋町長さんへの質問です。邑南町は「教育の町づくり」をめざしていて、図書館司書と教員配置についてふれられましたが、教育の中身はどうでしょうか？

石橋 今、国や文科省も、詰め込み教育ではなく、答えの出にくい問題を解決していく力が重要だとよく言っていますが、それには、子どもたちが現場を見ながら地域の課題を捉え、それをどう解決していくかを考えることが大事ではないかと思います。邑南町では昨年から「地域学校」という概念で、公民館を中心に小中学生が地域の人たちと地域の課題を見つけ、一緒になってその解決に向けて取り組んでいくという教育を始めました。昨年はその成果発表として「未来フォーラム」を開催し、小学校8校、中学校3校のそれぞれの代表選手が自分たちの身近な問題を発表し合い、私もそこに参加して感想を述べたのですが、たとえば地域に造り酒屋があり、そこにお酒はあるけど、お土産物がないという小学生の発想で酒まんじゅうを地域の人たちと一緒に開発し、その成果を発表しました。じつに印象深かったのですが、地域の問題を子どものときから考えていく教育というのは今までになかったのではないかと思います。

小田切　邑南町では小学校の生徒が増えているということでしたが、今年私がお訪ねしたときに8つの小学校のうち3つの小学校で生徒数が増えていました。いずれも小規模校でした。「教育の町づくり」の成果かと思います。

Q2　東京都出身ですが、T県S市に移住して農業研修生をやっています。田舎は都会に対して劣等感をもつ一方で都会をすごく意識していると感じています。これは何が原因で、克服するためにはどうしたらよいか、土屋さんはどう思われますか。

土屋　先ほども簡単にふれましたが、「なにもない」のが悪いことではないと思いますし、都会にないものがたくさんあるんですね。それを地元の方々がどれだけ実感できて、それを強みとして打って出ることができるかがこれからの発展につながるのではないかと思います。都会と同じレベルで戦おうと思ったら勝てないと思うのですが、たとえば希少性や地域の特色を打ち出して、都会では絶対手に入らないものをアピールできれば、チャンスはあると思います。

小田切　そうしたことを実践するために、約10年ほど前から「ないものねだり」ではなく「あるものさがし」の「地元学運動」が全国に広がりつつあります。

Q3　「田園回帰」というときに一番大切なのはUターンだと思います。それから、結婚で来られる方も非常に多い。本日のお話では「志のある方」というか、もともと農村部に縁のない方のIターンの話題が中心だったと思いますが、これからの地域にどういう人が住み、どういう社会になっていくかという問題に大きくかかわると思いますので、どのような層を「田園回帰層」と見ていくのかについてお聞きしたいと思います。

小田切　たいへん重要なご質問だと思います。藤山先生お願いします。

藤山　もちろんUターンは非常に大切だと思うのですが、島根県などでは団塊世代以降は都会に出る人が少なくなっています。Uターンはありますが、母集団はIターンのほうがかなり大きくなっていて、結果としてIターンが増えている。都市を全否定するつもりはないのですが、X軸に対するY軸のようなものがあってもいい。今までのように地方から東京に出ていくことだけを「上がり」とするような「東京すごろく」だけではなく、UターンにしてもIターンにしても、田舎の価値を見出して一緒に暮らしたいという人に住んでほしいと思っています。

先ほどの学力の問題も、「なんのための学力か」ということを問いたいと思います。求められているのは芥川龍之介の「蜘蛛の糸」のカンダタのように人を蹴落とすための学力ではなく、一緒に生きていくための学力だと思うのです。海士町にせよ邑南町にせよ、「ともに生きていく」「そこで生き抜いていく」ための学力であり暮らしを大切にする仲間を増やすというのが田園回帰の基本的な方向ではないかと思います。

小田切　ちなみに私がご紹介した鳥取県のデータでは、昨年度からUターンが増えています。「IがUを刺激する」――つまり、Iターンから始まった動きがUターンを導くパターンが始まっているのではないかという仮説をもっています。

「選ばない地域は選ばれない」

Q4　S県M市人口拡大課に勤務しています。この課名はストレートに思いを表したもので、最初は少し恥ずかしかったのですが、土屋さんのようにIターンで入ってこられる方を本当に大事にしていきたいと思っていますし、そのためには地域が受け入れていく態勢をつくっていかなくてはと思っています。M市は地元学にも取り組んでいますが、邑南町の地元での受け入れ態勢、地域づくりについて、石橋町長さんに教えていただけたらと思います。

石橋　受け入れるためには自分たちの地域に誇りをもたなければいけないと思います。「つまらない」「つまらない」といくら言っていてもだめです。邑南町では昨年、「ビレッジプライド事業」というのをやりました。住民がどれだけ地域に誇りをもっているかということについて、若手の職員が地域に出向いてアンケート調査を行なったのです。驚いたことに、なんと85・6％の方が地域に誇りをもっていると回答したのです。本当によかったと思いました。この誇りがなければ、いくらUターン、Iターンの動きがあっても長続きしないと思うのです。邑南町では12の公民館があるのですが、小さな町ながら12の公民館ごとに特色があるのです。その地域ごとに地域のお宝さがしをして、自分たちはこんなに地域に誇りをもっているのだという学習を継続してきました。そうしたことを一生懸命にやってきた成果ではないかと思っているところです。

Q5 3年前に「緑のふるさと協力隊」隊員でした。土屋さんは移住される前は地域の方とのお付き合いが面倒くさいのではないかというお気持ちがあったということですが、それをどう克服されたのか、お聞きしたいと思います。

土屋 移住先を探して定住フェアなどに行き、各地域の担当の方に「近所づきあいは絶対に大事です」と言われていたので、ある程度心がまえをもって、移住するからには自分たちから入るようにしなければいけないという意識で行きました。幸いにも西石見地区は比較的外からの人を受け入れる地域で、歩いていても「おはよう」とか「こんにちは」とか声をかけていただけるところです。そういう意味で入りやすかったというのはありますが、それに加えて自分たちから何か行事があると聞いたら、「参加できませんか」とか「お手伝いできることはありませんか」と言って入っていくように心がけました。実際に入ってみると、どんどん輪が広がって、入りやすくなっていきますので、恐れずに入っていくことかなあと思っています。

小田切 それはだれにでもできることでしょうか。

土屋 たぶんできると思います。私は東京や神奈川にいたときには、できれば人から話しかけてほしくないというような人でした。「あたって砕けろ」ではないですが、やってみたらなんとかなるという気持ちで、こちらから心を開かないと受け入れてもらうのはむずかしいと思いますので、ぜひ挑戦してみてほしいと思います。

Q6 W大学の大学院生です。ちょうど今、「人間流動と地域学」というタイトルで博士論文を執筆中で、本日のテーマは非常に勉強になりました。本日の事例にもありましたように、移住する人に対する財政的な支援、あるいはアドバイザーのような人的支援が充実し、ある意味では移住に対するハードルが低くなるような流れがあるということですが、以前移住してきた人と、現在、そういう流れがある中で移住してきた人のあいだに、層や質、意識の違いというのはあるでしょうか。

藤山　定住のきっかけや後押しとして、財政的支援や人的支援があるということは大切なことだと思うのですが、最終的に越えなければならないハードルはそう変わらないと私は思います。ハードルを下げたら来る率も高くなると思いますが、去る率も高くなる。私はどこでも「選ばない地域は選ばれない」と言っています。それははっきりしたほうがいい。しかも首都圏人口からすれば「1万分の1」です（34ページ参照）。むしろ「こういう人に来てほしい」と、選んでいる地域のほうが成功していると思います。「一緒に暮らす」というハードルはある。支援は大切だと思いますし、階段をつくることも大切だと思いますが、ハードルを越えなくてよいということではない。そして最終的には互いに一緒に住んでよかったということにならないといけない。その意味でのきびしさはあると思います。

小田切　移住者の世代差というのは今後の研究課題でもあると思います。ぜひ博士論文でがんばってください（笑）。

「ありがとう、よく来ていただいた」

Q7　G県の農政部で担い手対策をしています。日ごろから首長の覚悟とリーダーシップが大事だと思ってきましたが、それに加えて、核となる人材、支援する人材の必要性をあらためて感じました。邑南町ではコーディネーターを設置されているということですが、今後も専門職員として継続されていくのかどうか、石橋町長さんにお聞きします。

石橋　邑南町では、たまたまよい若い人材が来て、本当に誠意をもって定住支援コーディネーターの仕事をしてくれています。採用当初は臨時職員でしたが、今は正規職員とほとんど変わらない待遇の任期付き職員です。彼も町に恩義を感じて任を果たさなければと考えているようで、ここに町と彼のよい絆ができた。この絆をもっと強くするために、彼をアシストするという意味で地域の人を定住促進支援員に任命し、今、3人体制です。職員は人事異動がありますが、彼は専従です。また彼は民間の経験があり、すばらしい発想と人当たりのよさ、情熱があります。

Q8 N県Y村から来ました地域おこし協力隊隊員です。石橋町長さんのお話で「シングルマザーウェルカム」ということでしたが、田舎は人の目のきびしいところでもあり、地元の方には抵抗感や「困る」というような意見はなかったでしょうか。

石橋 もちろんシングルマザーに特化したわけではなく、「シングルマザーもウェルカムです」と言葉を付け加えたわけです。地域の方々は本当に親身になって世話を焼いていています。最近も2世帯いらっしゃいました。それに対して野菜のおすそ分けをしたり、小さい子どもたちの面倒をみたりしています。保育所を閉鎖しようかという話もあったのですが、2人の子どもが入ったものですから、閉鎖なんてできません(笑)。保育所を残すということは小学校を残すということにもつながるわけですから、保育所と小学校がワンセットです。その意味で僕はそのシングルマザーの方々に「ありがとう、よく来ていただいた」と感謝したい。そういう気持ちを私たちはストレートに出して、同じ町民として、互いに仲間としてやっていく姿勢は可能かと思っています。それが伝わっているのではないでしょうか。

Q9 冒頭の小田切先生の2番目の質問「田園回帰は、なぜ島根県をはじめとする中国山地から起きたのか」ということについて、小田切先生ご自身の現時点のお考えをお聞かせください。

小田切 日本における高齢化問題は一般的に西高東低型と議論されてきました。市場経済は西日本から先発したことが背景にあると思います。つまり、高度経済成長期に始まる都市と農村の格差に早いうちから、その市場経済が浸透した西日本の農山村が反応したのだと思います。それが「過疎」という現象で、1960年代には「天気と農業は西から変わる」と言われました。そういうきびしい実態の中から、「なんとかしなくてはいけない」と、いわば「解体と再生のフロンティア」とでも言うべき現象が今、西日本、特に過疎化が先発した中国山地では起きている。なおかつ島根県の場合は、たとえば「ふるさと島根定住財団」の設立、「半農半X」の兼業農家型の新規就農を支援するなど、積極的な政策が県からも、そして先ほどからのご報告のように市町村からも打ち出されている。この相乗効果が、西日本、中国山地、とりわけ島根県に表れてきていると私は整理しています。

さて、最後に、この会場には、何人かの市町村長さんたちもおみえです。とくにこの中山間地域フォーラムと連携している群馬県南牧村の長谷川最定《さいじょう》村長さんにご発言をいただきたいと思います。

長谷川　私たちの南牧村は、高齢化率、少子化率も日本一、そして今回の日本創成会議の「消滅可能性都市」報道においても日本一だというふうに取り上げられました。私は村長に就任してまだ2カ月と少しなのですが、就任の際、住民の方々から「高齢化率日本一などということを挨拶の中に入れるな」と言われました。なぜなら住民のみなさんが「もううんざりだ」と言うのですね。80歳、90歳のみなさんが「精いっぱい農村で生活をしてきて、地域のために、家庭のために働いてきて、なぜいまさら『高齢化率日本一』などと言われなければいけないのだ」と。

とくに今回の創成会議の発表についてはどんな意図で発表されたものかわかりません。しかし、私が思うには、発表の内容やそれをもとにした報道のあり方に、最低限のルール、愛情というものが感じられなかったというのが実感です。それについていちいち私は報道機関等にコメントしていませんが、ただ幸いにも私たちの村にも少しずつですが、Iターン、Uターンの方々が定着しつつあり、だんだんいいムードになってきたと感じております。

群馬県南牧村・長谷川最定村長

これから村をなんとかしていこう、活気づけていこう、みんなで頑張ろうというときに、いちばんよくないのは「あきらめ感」です。私どもの村にもやはり「あきらめ感」があります。もっと悪いのは、職員の中にも「あきらめ感」があることです。しかし一方で、

「あきらめずに、これから頑張ろう」という動きも起きてきました。今日、この会場にも、そのグループの7、8名の方がおみえになっています。

私も役場の職員でした。このような問題を10数年ずっと担当してきて、権限に限界を感じました。そこで私は役場を辞めて村長選に立候補しました。「これから本当に村を変えていくのだ。なんとかしよう」と、この道を選びました。今日この会場にお集まりのみなさまと、そうした方向に向かって力を合わせていけたらと思っています。みなさまに感謝申し上げるとともに、みなさまのお力をひとつひとつお借りしたいと思っています。今後ともよろしくお願い申し上げます。

（拍手）

「田園回帰の実態を知り、ものさしを明らかにし、持続性を高め、促進する実践を」

小田切　それでは、以上で質疑を終了し、このパネルディスカッションをまとめさせていただきたいと思います。非常に幅広い議論が行なわれました。しかもみなさまの高いご関心から、質問もたくさんいただきました。それらを、あえて4点ほどにまとめてみたいと思います。

1番目は、私たちはやはり田園回帰の実態をもっと知る必要があるということです。田園回帰の量的動向、また、先ほどの質問にあったように、その地域分布も含めてのきちんとした実態把握が必要だと思います。藤山さんのご報告は、田園回帰の実態を、統計をかきわけて把握したものです。しかし、あのような分析はすぐできるものではありません。小規模地域単位に再集計された統計があって、初めてできるものです。その意味で、市町村や県には、まずは量的な実態把握を進めてほしいと思います。また、それは国レベルの取り組みによりサポートされるべきだと思います。

2番目は、土屋さんのご報告にあったように、東京にいる人の「ものさし」とは明らかに違う、田園回帰をした方ならではの「ものさし」の実態把握をきちんとすべきだということです。土屋さんの言葉では「本格的な田舎」、藤山さんの言葉では「田舎の田舎」に人が集まっているのはいったいなぜなのか？　そのものさしの解明が不十分である限り、場合によっては田園回帰者の気持ちと行政とのあいだにずれが生じる可能性があります。そうした、質的な実態把握もまた大きな課題として残されています。

3番目は田園回帰の持続性を高めることが必要だということです。これには二つの意味があります。一つは、田園回帰をブームに終わらせてはいけません。1990年代後半から続いている10数年にわたる動向ではありますが、今後、2020年東京オリンピックに向けた動きの中で、ブームに終わる可能性が心配されます。そうならないようにすることが求められます。もう一つは、田園回帰それ自体の持続性、すなわち移住が定住につながり、定住が永住につながるためのハードルを乗り越える課題は何かを明らかにすることです。定住を永住につなげるには、おそらく教育費の負担問題があると思います。これは、同じ中山間地域研究センターの有田さんの研究にもとづく藤山さんのご報告が明らかにしています。いずれにしても、田園回帰を遂げた人々を農山村に留めるという意味での持続性の確保が、新しい課題となると思います、

4番目は、田園回帰を促進する実践をどのようにデザインするのかが、やはり課題です。石橋町長のご報告は、あたかも特効薬を見せていただいたようにも見えますが、けっしてそうではありません。むしろ、逆にいわばオーダーメイド型の持続的対応が必要だということを教えていただいたのだと思います。それは特効薬ではありません。たった一つの薬により速効性で病気を治すのではなく、じわじわと効く薬を何種類も、実態に応じて手当したことを、私たちに見せていただいたのだと思います。このオーダーメイド型の対応の中心は市町村の役割であると同時に、県や国の、かなりきめ細かい行政的なサポートが必要だということを示しているのではないでしょうか。

この4点にまとめさせていただきましたが、最後に長谷川南牧村長のご発言にあったように、追い込まれつつある農村、切り捨てられつつある農村の反撃のネットワークが必要です。この中山間地域フォーラムだけではなく、さまざまな農業・農村関係の組織やそのネットワークを糾合するかたちで、大きく声をあげ、田園回帰の実現、新しい日本社会の実現に向けて、それぞれのお立場で前進していただきたいと思います。

以上のように整理させていただいて、このパネルディスカッションを閉じさせていただきたいと思います。本日はありがとうございました。（拍手）

各号の内容

①藤山浩著　田園回帰を促す1％の変革

自治体消滅の危機が叫ばれているが、毎年人口の1％を取り戻せば、地域は安定的に持続できる。島根県での小学校区・公民館区単位の人口分析をベースに、地域人口ビジョンの立て方、1％の人口取戻しに対応した地域内循環の強化による所得の取戻し戦略を提案する。

②農文協編　最前線の町村を行く！

Iターン・Uターンを多く迎え入れている地域、地元出身者との連携を強めている地域など、全国の田園回帰のフロンティア町村を、合併市の旧町村含めて取材。自治体の政策と地域住民の動きの両面から徹底的に掘り下げる。

③小田切徳美編著　回帰を支える手づくり自治

伝統的な集落組織とともに、新しいコミュニティ組織をどうつくるか。合併自治体を含めた手づくり自治区や地域の事業を担う法人など、地域を磨き、田園回帰の受け皿となる組織のあり方を各地の実践を元に示す。

④沼尾波子編著　都市生活の困難と農山村との共生

不登校・ひきこもりや母子家庭の経済的逼迫、ニート・フリーターから介護まで、都市住民のライフステージのそれぞれの場面で起こるリスクや社会的排除に対し、生き方を豊かに広げる農山村とのつながりの意味を明らかにするとともに、都市におけるコミュニティ再生も展望する。

⑤松永桂子・尾野寛明編著　ソーシャル・ビジネスに生きる

農山村や地方都市で新たなコミュニティの場をつくる新しいビジネスのあり方、地場産業の盛り立て方、仕事づくりを支援し個性的な地域づくりを支える自治体職員のあり方など、田園回帰の可能性を広げるソーシャル・ビジネスを、それを担う人に焦点を当てて紹介。

以下　ヨーロッパで進む田園回帰／田園回帰の思想／地域サポート人材　など予定。
各号の内容は変更する場合があります。

解題・報告者

小田切徳美	明治大学農学部教授
藤山　　浩	島根県中山間地域研究センター研究統括監、島根県立大学連携大学院教授
石橋　良治	島根県邑南町長
土屋　紀子	島根県匹見町　匹見ワサビ生産者

（各氏のプロフィールは86ページをご参照ください）

農文協ブックレット12

はじまった田園回帰

現場からの報告

2015年2月10日　第1刷発行

著者　小田切徳美・藤山 浩・石橋良治・土屋紀子
企画　特定非営利活動法人　中山間地域フォーラム

発行所　一般社団法人　農山漁村文化協会
〒107-8668　東京都港区赤坂7丁目6-1
電話　03（3585）1141（営業）　03（3585）1145（編集）
FAX　03（3585）3668　　振替　00120-3-144478
URL　http://www.ruralnet.or.jp/

ISBN978-4-540-14235-2
〈検印廃止〉

DTP制作／㈱農文協プロダクション
印刷・製本／凸版印刷㈱
乱丁・落丁本はお取り替えいたします。